微積分は面白い
－円と球の求積法－

竹井　力　著

現代数学社

序　文

　本書は，円の面積 ($=\pi R^2$)，球の体積 ($\frac{3}{4}\pi R^3$)・表面積 ($=4\pi R^2$) の公式を証明する方法について述べるのが主題である．第二章 円では 8 通り，第三章 球では 13 通りの方法を紹介する．

　求積法は，微分(分割)片の特徴的形状に注目して名称(型名)をつけて分類してある．微分片の小さい方から順に，面積は ds, dS，体積は dv, dV で表わし，計算過程を理解し易いようにした．多重積分の形式をとったのは四角柱型(三章11)と球座標(三章13)のみである．また微積分法を用いない台形展開型(二章1)，極限値法(二章7，8)も示した．

　第一章に，準備としての微積分，第四章に，電気的微積分，第五章に，関数の級数展開法を記した．

　本書は，懇話会での討論形式をとって「話」としてつけ加え，肩の凝らない読み物風な構成とした．

　読者の皆さんに，円と求の求積法が幾通りもあることを知ってもらい．微積分の面白さを味わっていただきたい．そして，微積分に対しての応用面にも一層の関心を寄せていただければ幸いである．

　本書の出版にあたり，御協力をいただいた現代数学社長 富田榮氏に深く謝意を表します．

2002 年 3 月

竹井　力

目　　次

序文
第一章　　微積分 ………………………………………… 1
　1．微積分とは？ ………………………………………… 1
　　1）微分は易しい ……………………………………… 1
　　2）区分求積法 ………………………………………… 3
　2．微分係数 ……………………………………………… 7
　3．微分に利用される主な極限値 ……………………… 8
　　1）$\lim_{\theta \to 0} \frac{\sin \theta}{\theta} = 1$ ……………………………………… 8
　　2）$\lim_{x \to 0} \frac{e^x - 1}{x} = 1$ ……………………………………… 9
　4．微分 …………………………………………………… 10
　　1）三角関数，指数関数 ……………………………… 10
　　2）微分公式 …………………………………………… 12
　5．不定積分 ……………………………………………… 19
　　1）不定積分，定積分 ………………………………… 19
　　2）積分公式 …………………………………………… 20
　6．空間図形への応用 …………………………………… 26
　　1）平面座標 …………………………………………… 26
　　2）立体座標 …………………………………………… 27
　　練習問題 ………………………………………………… 31
　●懇話会 ………………………………………………… 33
　　第一話　求積法の動機 ………………………………… 34
　　第二話　微積分法の発見 ……………………………… 35

第二章　円の求積法 ……………………… 37
　1．台形展開型 ………………………………… 37
　2．リング型 …………………………………… 39
　3．リング断片型 ……………………………… 40
　4．短冊型 ……………………………………… 41
　5．変形扇形型 ………………………………… 42
　6．変形短冊型 ………………………………… 44
　7．正多角形型 ………………………………… 45
　8．ディスク溝型 ……………………………… 47
　● 懇話会 ……………………………………… 49
　　第三話　台形展開型と扇形型 ……………… 49
　　第四話　円の失敗例 ………………………… 50

第三章　球の求積法 ……………………… 52
　1．等厚円板型 ………………………………… 52
　2．球殻型 ……………………………………… 56
　3．円筒型 ……………………………………… 57
　4．施盤切削型 ………………………………… 58
　5．円錐帽子型（Ⅰ）…………………………… 60
　6．円錐帽子形（Ⅱ）…………………………… 61
　7．球面鏡型 …………………………………… 63
　8．水瓜片型 …………………………………… 65
　9．不等厚円板形（Ⅰ）………………………… 66
　10．不等厚円板型（Ⅱ）………………………… 69
　11．四角柱型 …………………………………… 72

12. 球座標 ・・・・・・・・・・・・・・・・・・・・・・・・・・・・・・・	75
13. 変形円等型 ・・・・・・・・・・・・・・・・・・・・・・・・・・・	77
● 懇話会 ・・・・・・・・・・・・・・・・・・・・・・・・・・・・・・・・	82
第五話　球の失敗例 ・・・・・・・・・・・・・・・・・・・	82
第六話　球積法は他には？ ・・・・・・・・・・・・・	83

第四章　電気信号の微積分 ・・・・・・・・・・・・・ 87

1. 微分回路，積分回路 ・・・・・・・・・・・・・・・・・・・	87
1）C, Rによる回路 ・・・・・・・・・・・・・・・・・・・・	87
2）差動増幅器による回路 ・・・・・・・・・・・・・・	88
2. 信号の微積分 ・・・・・・・・・・・・・・・・・・・・・・・・・・	89
1）微分 ・・・・・・・・・・・・・・・・・・・・・・・・・・・・・・・・・	90
2）積分 ・・・・・・・・・・・・・・・・・・・・・・・・・・・・・・・・・	91
● 懇話会 ・・・・・・・・・・・・・・・・・・・・・・・・・・・・・・・・	95
第七話　面積計の試案 ・・・・・・・・・・・・・・・・・	95

第五章　関数の展開 ・・・・・・・・・・・・・・・・・・・・・ 98

1. 定理 ・・・・・・・・・・・・・・・・・・・・・・・・・・・・・・・・・・	98
2. ベキ級数展開 ・・・・・・・・・・・・・・・・・・・・・・・・・	99
● 懇話会 ・・・・・・・・・・・・・・・・・・・・・・・・・・・・・・・・	104
第八話　πとeは不思議な定数 ・・・・・・・・・	104
第九話　πの測定値 ・・・・・・・・・・・・・・・・・・	105

追補 ・・・・・・・・・・・・・・・・・・・・・・・・・・・・・・・・・・・・ 110

1. 誤差 ・・・・・・・・・・・・・・・・・・・・・・・・・・・・・・・・・・	110
2. フーリエ変換 ・・・・・・・・・・・・・・・・・・・・・・・・・	117

3．ラプラス変換 ・・・・・・・・・・・・・・・・・・・・・・・・・ 124
4．双曲線関数 ・・・・・・・・・・・・・・・・・・・・・・・・・ 130
第十話　感想 ・・・・・・・・・・・・・・・・・・・・・・・・・ 136
練習問題解答 ・・・・・・・・・・・・・・・・・・・・・・・・・ 138
索引 ・・・・・・・・・・・・・・・・・・・・・・・・・・・・・ 140

第一章　微積分

　一般に微積分法は略して微積分と呼ばれている．この章では微積分法の基礎的事項について述べる．

1．微積分とは？

　微積分法は微分法と積分法の総称で無限小演算を取扱う．無限小演算は解析学の基礎をなす微積分の基本演算であり，関数関係を分析して局所的法則をとらえるのが微分法，逆に局所的性質から大域的法則を導くのが積分法である．

　微分法は関数の微分係数あるいは導関数を求める計算法で，幾何学的には曲線の傾き，運動学的には速度を求めることにあたる．積分法は微分法の逆演算で，与えられた導関数からもとの原始関数を求めたりする計算法である．

1）微分は易しい

　図1の$f(x)$と$x=a,b$で囲まれた面積を考える．これをそれぞれ勝手な切り方で10個に分割した例を図2に示してある．ただし，図2の大きさは図1の約0.4倍に縮小してある．この4つのうちどれが図1の形に復元し易いか？．a,cは遺跡から掘り出された土器片のように見えるから，復元するには相当に時間がかかりそうである．bとdは分割の仕方にある法則がありそうであるので，復元は簡単にできそうに見える．bはある1点を中心とした同心円状に分割し，dはx軸に垂直でy軸に平行に切断してある．予備知識として分割（微分）の方法が分かっていれば，復元（積分）は容易に成功するであろう，と思われる．

図1

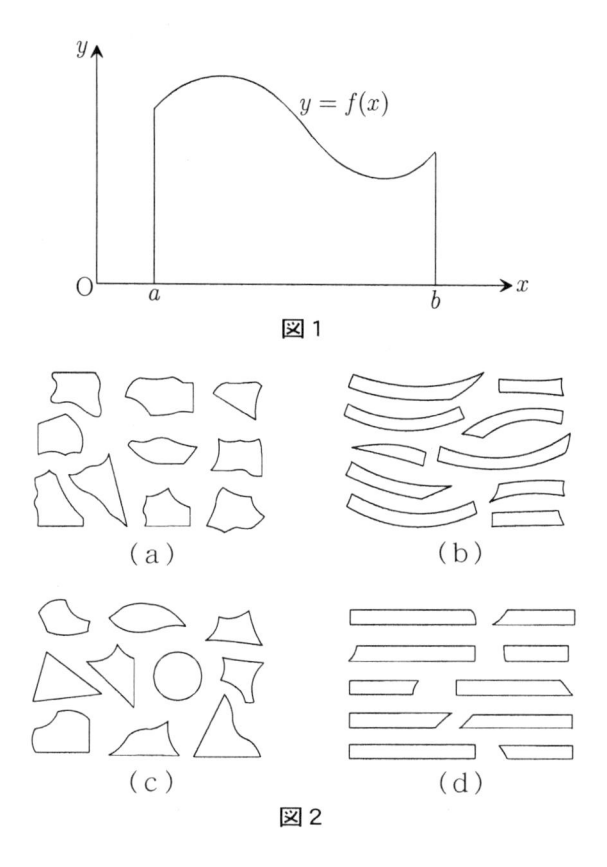

図2

　身近な例として料理を取り上げる．野菜やカマボコを切るのは微分に似ている．輪切りにした大根は簡単に元の形に戻せるが，みじん切りにした玉ねぎを元の形に戻すのは不可能といってよい．輪切りの大根とみじん切りの玉ねぎと比べると，輪切りの大根の方が綺麗に見える．切り方（微分）にある規則性があれば，その切片は綺麗であり復元（積分）も容易である．〈微分は美しく〉と言うことを料理は教えてくれているようである．積分しやすいように微分するのがコツである．

２）区分求積法

　関数 $y=f(x)$ の曲線と $x=a$, $x=b$ および x 軸とで囲まれた面積 S を求める．区間 $[a,b]$ を n 等分して S を y 軸に平行に分割すると，図3,4に示すように短冊状の矩形を作ることができる．この二つの図は n は等しくしてあるが，矩形の作り方は異なっている．短冊状の矩形の面積をそれぞれ ΔS_i, ΔS_k とすれば

$$\left.\begin{array}{l}(b-a)=n\Delta x \\ \Delta S_i = f(x_i)\Delta x \\ \Delta S_k = f(x_k)\Delta x\end{array}\right\} \quad \cdots (1)$$

で表わされる．面積の和を S_1, S_2 とすれば

$$\left.\begin{array}{l}S_1 = \displaystyle\sum_{i=0}^{n-1} f(x_i)\Delta x \\ S_2 = \displaystyle\sum_{k=1}^{n} f(x_k)\Delta x\end{array}\right\} \quad \cdots (2)$$

である．ここで，n を大きくしてゆくと，$n\to\infty\,(\Delta x\to 0)$ の極限では $S=S_1=S_2$ とおいてよいことが図を見ると分かる．（1），（2）が区分求積法の式である．

　大きさはあるが小さいという意味の記号 Δx は $\Delta x\to 0$ の極限では dx と記す．また，寄せ集めるという意味の記号 Σ（シグマ，ギリシャ文字の大文字）は $\Delta x\to 0$ のとき $\displaystyle\int$（積分記号）で表示する．

　そこで，$\Delta x\to 0\,(n\to\infty)$ の極限では

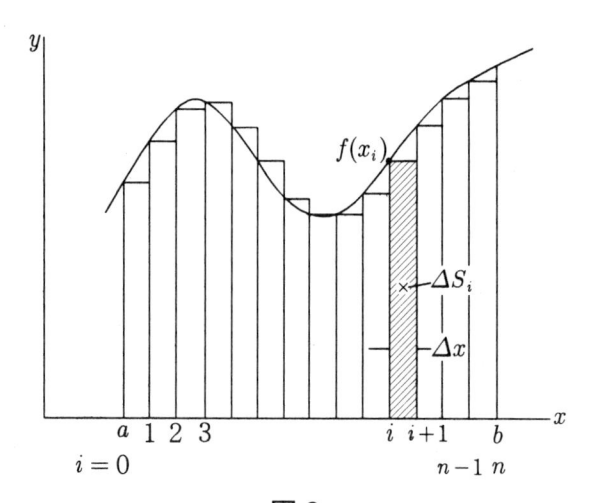

図 3

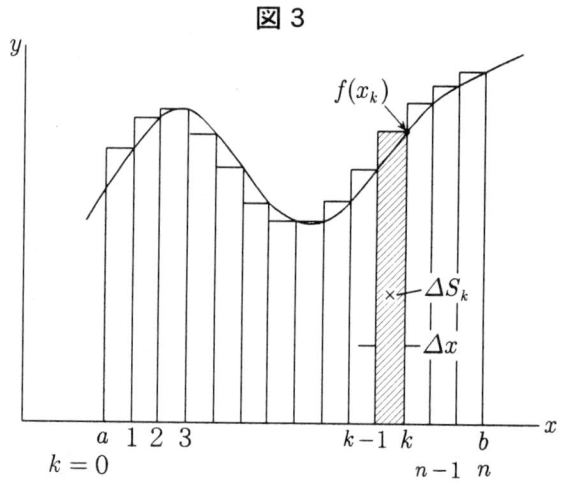

図 4

$$S = \lim_{\substack{n \to \infty \\ \Delta x \to 0}} \sum_{i=0}^{n-1} f(x_i) \Delta x = \lim_{\substack{n \to \infty \\ \Delta x \to 0}} \sum_{k=1}^{n} f(x_k) \Delta x = \int_a^b f(x) dx$$

$$\cdots (3)$$

と書ける．よって，S は

$$S = \int_a^b f(x)dx \qquad \cdots (4)$$

と表わされる．（4）式の形を定積分という．

また，$F(x)$ を

$$F(x) = \int f(x)dx \qquad \cdots (5)$$

とおけば，この形を不定積分という．

（例1）関数 $f(x) = x$ のグラフと x 軸および $x = 0$, $x = 1$ で囲まれた部分の面積を求めよ．

（解）：区間［0，1］を n 等分する．図5の微少面積を ΔS_i とすれば，

$$\Delta x = \frac{(1-0)}{n} = \frac{1}{n}, \quad x_i = \frac{i}{n}$$

$$\Delta S_i = f(x_i)\Delta x = \frac{i}{n} \times \frac{1}{n} = \frac{i}{n^2}$$

$$S_1 = \sum_{i=0}^{n-1} \Delta S_i = \frac{1}{n} \sum_{i=0}^{n-1} i$$

$$\sum_{i=0}^{n-1} i = 0 + 1 + 2 + 3 + \cdots + (n-1) = \frac{1}{2}(n-1)n$$

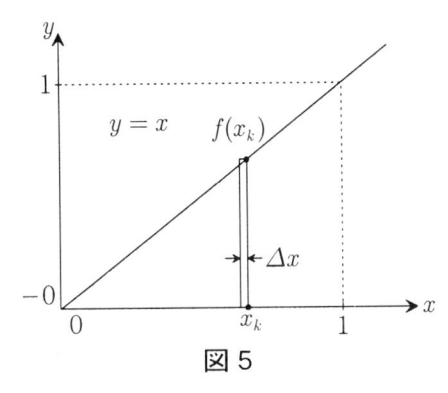

図5

よって,
$$S_1 = \frac{1}{n^2} \frac{1}{2}(n-1)n = \frac{1}{2}\left(1 - \frac{1}{n}\right)$$
となる. 求める面積 S は
$$S = \lim_{n \to \infty} S_1 = \lim_{n \to \infty} \frac{1}{2}\left(1 - \frac{1}{n}\right) = \frac{1}{2}$$

（例2） $y = x^3$ の曲線と x 軸および $x = 0$, $x = 2$ で囲まれた部分の面積を求めよ.

（解）区間 $[0, 2]$ を n 等分し，図6の微少部分の面積を ΔS_k とする．
$$\Delta x = \frac{(2-0)}{n} = \frac{2}{n}, \quad x_k = 2\frac{k}{n}$$

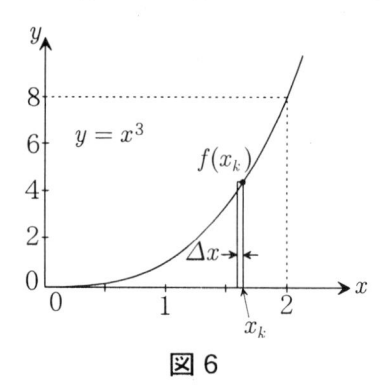

図6

$$\Delta S_k = f(x_k)\Delta x = \left(2\frac{k}{n}\right)^3 \times \frac{2}{n} = 2^4 \frac{k^3}{n^4}$$
$$S_2 = \sum_{k=1}^{n} \Delta S_k = 2^4 \times \frac{1}{n^4} n\sum_{k=1}^{n} k^3$$
$$\sum_{k=1}^{n} k^3 = 1^3 + 2^3 + 3^3 + \cdots\cdots + n^3 = \left\{\frac{1}{2}n(n+1)\right\}^2$$

よって,

$$S_2 = 4\left(1 + 2\frac{1}{n} + \frac{1}{n^2}\right)$$

となる．求める面積 S は

$$S = \lim_{n\to\infty} S_2 = \lim_{n\to\infty} 4\left(1 + 2\frac{1}{n} + \frac{1}{n^2}\right) = 4$$

である．

2．微分係数

関数 $y = f(x)$ は定められた区間内で連続であるとする．図のように，曲線 $y = f(x)$ 上の一点を P(x, y) とし，その近傍に点 Q$(x + \Delta x, y + \Delta y)$ をとる．微小三角形 PQR について考える．∠QPR $= \theta$ とおけば，

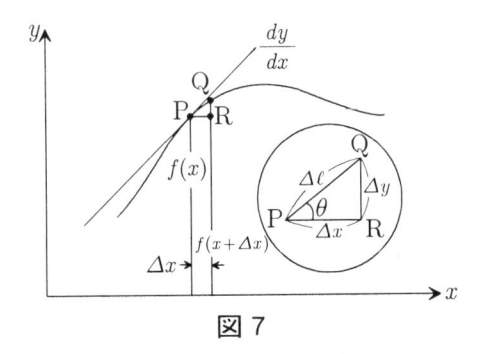

図7

$$\tan\theta = \frac{\Delta y}{\Delta x} = \frac{f(x + \Delta x) - f(x)}{\Delta x} \qquad \cdots(1)$$

で表される．

ここで，$\Delta x \to 0$ とすれば，Q は P に近づき，PQ は点 P において曲線 $y = f(x)$ に引いた接線となる．

$$\frac{dy}{dx} = \lim_{\Delta x \to 0} \frac{\Delta y}{\Delta x} = \lim_{\Delta x \to 0} \frac{f(x + \Delta x) - f(x)}{\Delta x} \qquad \cdots(2)$$

（2）式が微分係数の定義である．また
$$\frac{dy}{dx} = y' = f'(x) \qquad \cdots (3)$$
のようにも表示する．$f'(x)$ を一次の導関数と呼んでいる．$f'(x)$は曲線 $y = f(x)$ 上の点 (x, y) における接線の傾きを表わす．この幾何的な性質を利用して曲線の特徴などを知ることができる．このことは高校の教科書に詳しく書かれている．また，曲線の長さ $\overset{\frown}{PQ}$ を Δl とおけば
$$\Delta l \fallingdotseq \sqrt{(\Delta x)^2 + (\Delta y)^2} = \sqrt{1 + \left(\frac{\Delta y}{\Delta x}\right)^2} \Delta x$$
となり，$\Delta x \to 0$ の極限においては
$$dl = \sqrt{1 + \left(\frac{dy}{dx}\right)^2} dx \qquad \cdots (4)$$
が成立する．

3．微分に利用される主な極限値

1) $\lim_{\theta \to 0} \frac{\sin \theta}{\theta} = 1$

　この式の証明をする．図8のように，半径 r の円周上に点 A，B をとり中心 O とむすび，A において円に接線 AC を引くと，∠OAC = 90° となる．

　△OAB，扇形 OAB，△OAC の面積を比較する．図より

　　△OAB＜扇形 OAB＜△OAC

である．三角形の面積は $\frac{1}{2} \times$ 底辺 $\times$ 高

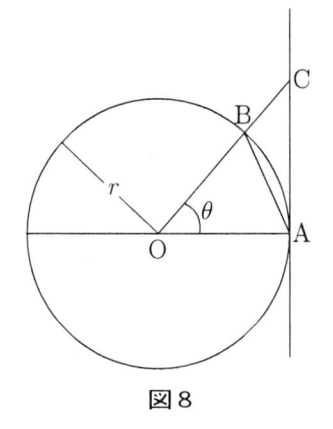

図8

さであり，扇形の面積は$\frac{1}{2}\theta r^2$（$\theta=2\pi$のとき面積はπr^2である）であるから
$$\frac{1}{2}\times\overline{\mathrm{OA}}\times\overline{\mathrm{OB}}\sin\theta<\frac{1}{2}\overline{\mathrm{OA}}\times\overline{\mathrm{AC}}$$
また，$\overline{\mathrm{OA}}=\overline{\mathrm{OB}}=r$，$\overline{\mathrm{AC}}\times\overline{\mathrm{OA}}\tan\theta$を代入すると
$$\sin\theta<\theta<\tan\theta \qquad \cdots(1)$$
ここで，$0<\theta<\frac{\pi}{2}$であるから，$\sin\theta, \theta, \tan\theta$は共に正である．逆数を取ると，
$$\frac{1}{\sin\theta}>\frac{1}{\theta}>\frac{\cos\theta}{\sin\theta}$$
両辺に$\sin\theta$を掛けると
$$1>\frac{\sin\theta}{\theta}>\cos\theta \qquad \cdots(2)$$
$\theta=0$の極限においては
$$\lim_{\theta\to 0}\cos\theta=1 \qquad \cdots(3)$$
である．故に，
$$\lim_{x\to 0}\frac{\sin\theta}{\theta}=1 \qquad \cdots(4)$$
となる．

2）$\lim_{x\to 0}\dfrac{e^x-1}{x}$

この式は基本的に大変重要である．証明は第五章の（例1）に示す．

ここでは，公式のみを示す．
$$\left.\begin{aligned}\lim_{n\to\infty}\left(1+\frac{1}{n}\right)^n&=\mathrm{e}\\ \lim_{x\to 0}(1+x)^{\frac{1}{x}}&=\mathrm{e}\\ \sum_{n=0}^{\infty}\frac{1}{n!}&=\mathrm{e}\end{aligned}\right\} \qquad \cdots(5)$$

$$\lim_{x \to 0} \frac{\log(1+x)}{x} = 1$$
$$\lim_{x \to 0} \frac{e^x - 1}{x} = 1$$
$\cdots (6)$

ただし，log の記号は自然対数 $\log_e$ と同じである．また，$\log x$ を $\ln x$ と記した書物もある．ln は natural logarithm（自然対数）の略号である．

4．微分

微分の定義式
$$\frac{dy}{dx} = \lim_{\Delta x \to 0} \frac{\Delta y}{\Delta x} = \lim_{\Delta x \to 0} \frac{f(x + \Delta x) - f(x)}{\Delta x}$$
を用いて微分を行ってみよう．

1）三角関数，指数関数の微分

三角関数の公式を掲げる．

$$\left\{\begin{array}{l}
\sin(\theta \pm \phi) = \sin\theta \cos\phi \pm \cos\theta \sin\phi \\
\cos(\theta \pm \phi) = \cos\theta \cos\phi \mp \sin\theta \sin\phi \\
2\sin\theta \cos\phi = \sin(\theta + \phi) - \sin(\theta - \phi) \\
2\cos\theta \cos\phi = \cos(\theta + \phi) + \cos(\theta - \phi) \\
2\sin\theta \sin\phi = \cos(\theta - \phi) - \cos(\theta + \phi) \\
\sin\theta + \sin\phi = 2\sin\left(\dfrac{\theta + \phi}{2}\right)\cos\left(\dfrac{\theta - \phi}{2}\right) \\
\cos\theta + \cos\phi = 2\cos\left(\dfrac{\theta + \phi}{2}\right)\cos\left(\dfrac{\theta - \phi}{2}\right) \\
\cos\theta - \cos\phi = -2\sin\left(\dfrac{\theta + \phi}{2}\right)\sin\left(\dfrac{\theta - \phi}{2}\right) \\
\sin\theta - \sin\phi = 2\cos\left(\dfrac{\theta + \phi}{2}\right)\sin\left(\dfrac{\theta - \phi}{2}\right)
\end{array}\right.$$

1）$(\sin x)' = \cos x$

$$\Delta y = \sin(x + \Delta x) - \sin x = 2\cos\left(x + \frac{\Delta x}{2}\right)\sin\frac{\Delta x}{2}$$

$$\frac{\Delta y}{\Delta x} = 2\cos\left(x + \frac{\Delta x}{2}\right)\frac{\sin\left(\frac{\Delta x}{2}\right)}{\Delta x} = \cos\left(x + \frac{\Delta x}{2}\right)\frac{\sin\left(\frac{\Delta x}{2}\right)}{\left(\frac{\Delta x}{2}\right)}$$

$$\lim_{\Delta x \to 0} \frac{\sin\left(\frac{\Delta x}{2}\right)}{\left(\frac{\Delta x}{2}\right)} = 1$$

$$\lim_{\Delta x \to 0} \cos\left(x + \frac{\Delta x}{2}\right) = \cos x$$

を定義式に代入すると，

$$\frac{dy}{dx} = \lim_{\Delta x \to 0} \frac{\Delta y}{\Delta x} = \cos x$$

が得られた．故に

$$(\sin x)' = \cos x$$

次に，$y = \cos x$ を考えよう．

$$\Delta y = \cos(x + \Delta x) - \cos x$$

$$\frac{\Delta y}{\Delta x} = -2\sin\left(x + \frac{\Delta x}{2}\right)\frac{\sin\left(\frac{\Delta x}{2}\right)}{\Delta x} = -\sin\left(x + \frac{\Delta x}{2}\right)\frac{\sin\left(\frac{\Delta x}{2}\right)}{\left(\frac{\Delta x}{2}\right)}$$

$$\lim_{\Delta x \to 0} \frac{\sin\left(\frac{\Delta x}{2}\right)}{\left(\frac{\Delta x}{2}\right)} = 1, \quad \lim_{\Delta x \to 0} \sin\left(x + \frac{\Delta x}{2}\right) = \sin x$$

よって

$$(\cos x)' = -\sin x$$

また

$$(\tan x)' = \sec^2 x = \frac{1}{\cos^2 x}$$

となるが，これは次の 2 の 3) の公式を用いることになる．

2）$(e^x)' = e^x$

$y = e^x$ とおくと

$$\frac{\Delta y}{\Delta x} = \frac{e^{x+\Delta x} - e^x}{\Delta x} = e^x \frac{e^{\Delta x} - 1}{\Delta x}$$

$\lim_{\Delta x \to 0} \dfrac{e^{\Delta x} - 1}{\Delta x} = 1$ であるから

$$\lim_{\Delta x \to 0} \frac{\Delta y}{\Delta x} = e^x \lim \frac{e^{\Delta x} - 1}{\Delta x} = e^x$$

よって
$$(e^x)' = e^x$$

また
$$(\log x)' = \frac{1}{x}$$

となるが，これは次の微分公式の 5) の式を用いて計算することになる．

2）微分公式

1）$(x^n)' = nx^{n-1}$　　　　　　n は自然数

2）$(uv)' = u'v + uv'$　　　　　乗積

3）$\left(\dfrac{u}{v}\right)' = \dfrac{u'v - uv'}{v^2}$　　　　除算

4）$\dfrac{dy}{dx} = \dfrac{dy}{du}\dfrac{du}{dx}$　　　　　u は媒介変数

5）$\dfrac{dy}{dx} = \dfrac{1}{\dfrac{dx}{dy}}$　　　　　　逆関数

これらは基本的な公式である．これを証明しよう．

1) $f(x) = x^n$ とおけば

$$\Delta y = f(x+\Delta x) - f(x) = (x+\Delta x)^n - x^n$$

ここで，二項定理

$$(a+b)^n = {}_nC_0 a^n + {}_nC_1 a^{n-1}b + {}_nC_2 a^{n-2}b^2 \cdots\cdots + {}_nC_n b^n$$

$$= \sum_{r=0}^{n} {}_nC_r a^{n-r} b^r$$

$${}_nC_r = \frac{n(n-1)(n-2)\cdots\cdots(n-r+1)}{r!}$$

を用いると

$$(x+\Delta x)^n = x^n + \frac{n}{1!} x^{n-1}\Delta x + \frac{n(n-1)}{2!} x^{n-2}(\Delta x)^2 + \cdots\cdots + (\Delta x)^n$$

よって

$$\frac{\Delta y}{\Delta x} = nx^{n-1} + \frac{n(n-1)}{2!} x^{n-2}\Delta x + \cdots\cdots + (\Delta x)^{n-1}$$

$\Delta x \to 0$ のとき，第二項以下は0となるから

$$f'(x) = (x^n)' = nx^{n-1}$$

となる．

(例1) $f(x) = x^5$ を微分せよ．

$$\Delta y = f(x+\Delta x) - f(x) = (x+\Delta x)^5 - x^5$$
$$= 5x^4 \Delta x + 10x^3(\Delta x)^2 + 10x^2(\Delta x)^3 + 5x(\Delta x)^4 + (\Delta x)^5$$

$$\frac{\Delta y}{\Delta x} = 5x^4 + 10x^3 \Delta x + 10x^2(\Delta x)^2 + 5x(\Delta x)^3 + (\Delta x)^4$$

よって

$$\lim_{\Delta x \to 0} \frac{\Delta y}{\Delta x} = (x^5)' = 5x^4$$

(例2) $f(x) = \sqrt{x}$ を微分せよ．

$$\Delta y = \sqrt{x+\Delta x} - \sqrt{x} = \frac{(x+\Delta x) - x}{\sqrt{x+\Delta x} + \sqrt{x}} = \frac{\Delta x}{\sqrt{x+\Delta x} + \sqrt{x}}$$

$$\lim_{\Delta x \to 0} \frac{\Delta y}{\Delta x} = \lim_{\Delta x \to 0} \frac{1}{\sqrt{x+\Delta x} + \sqrt{x}} = \frac{1}{2} \frac{1}{\sqrt{x}}$$

となる．また，$\sqrt{x} = x^{\frac{1}{2}}$ であるから，公式を用いて $n = \frac{1}{2}$ とおけば同じ結果を得る．

2) $(uv)' = u'v + uv'$

$y = u(x)v(x)$ とおけば

$\Delta y = u(x+\Delta x)v(x+\Delta x) - u(x)v(x)$

$= u(x+\Delta x)v(x+\Delta x) - u(x)v(x+\Delta x) + u(x)v(x+\Delta x) - u(x)v(x)$

$= \{u(x+\Delta x) - u(x)\}v(x+\Delta x) + u(x)\{v(x+\Delta x) - v(x)\}$

よって

$$\frac{\Delta y}{\Delta x} = \frac{u(x+\Delta x) - u(x)}{\Delta x} v(x+\Delta x) + u(x) \frac{v(x+\Delta x) - v(x)}{\Delta x}$$

$$\lim_{\Delta x \to 0} \frac{u(x+\Delta x) - u(x)}{\Delta x} = u'$$

$$\lim_{\Delta x \to 0} \frac{v(x+\Delta x) - v(x)}{\Delta x} = v'$$

$$\lim_{\Delta x \to 0} v(x+\Delta x) = v(x)$$

であるから

$$\lim_{\Delta x \to 0} \frac{\Delta y}{\Delta x} = (uv)' = u'v + uv'$$

となる．

（例1）$f(x) = x \log x$ を微分せよ．

$u = x,\ u = \log x$ とおけば

$$u' = 1,\ v' = \frac{1}{x}$$

$$(uv)' = u'v + uv'$$

代入すると
$$(x\log x)' = \log x + x\times\frac{1}{x} = \log x + 1$$

（例2） $f(x) = e^x \sin x$

$u = e^x,\ v = \sin x$ とおけば
$$u' = e^x,\ v' = \cos x$$

ゆえに
$$(e^x \sin x)' = e^x(\sin x + \cos x)$$

3） $\left(\dfrac{u}{v}\right)' = \dfrac{u'v - uv'}{v^2}$

$y = \dfrac{u}{v}$ とおけば

$$\Delta y = \frac{u(x+\Delta x)}{v(x+\Delta x)} - \frac{u(x)}{v(x)}$$
$$= \frac{1}{v(x+\Delta x)v(x)}\{u(x+\Delta x)v(x) - u(x)v(x+\Delta x)\}$$
$$= \frac{1}{v(x+\Delta x)v(x)}[u(x+\Delta x)v(x) - u(x)v(x)$$
$$+ u(x)v(x) - u(x)v(x+\Delta x)]$$

よって
$$\frac{\Delta y}{\Delta x} = \frac{1}{v(x+\Delta x)v(x)}\left[\left\{\frac{u(x+\Delta x) - u(x)}{\Delta x}\right\}v(x)\right.$$
$$\left. - u(x)\left\{\frac{v(x+\Delta x) - v(x)}{\Delta x}\right\}\right]$$

$$\lim_{\Delta x \to 0} v(x+\Delta x)v(x) = v^2(x)$$

であるから，ゆえに
$$\lim_{\Delta x \to 0}\left(\frac{y}{x}\right)' = \left(\frac{u}{v}\right)' = \frac{u'v - uv'}{v^2}$$

を得る．

（例１） $y = \tan x$ を微分せよ．

$\tan x = \dfrac{\sin x}{\cos x}$ であるから

$u = \sin x,\ v = \cos x$ とおけば

$u' = \cos x,\ v' = -\sin x$

よって
$$(\tan x)' = \frac{\cos^2 x + \sin^2 x}{\cos^2 x} = \frac{1}{\cos^2 x} = \sec^2 x$$

（例２） $f(x) = \dfrac{1}{x} \log x$ を微分せよ．

$\log x = u,\ x = v$ とおけば

$$u' = \frac{1}{x},\ v' = 1$$

よって
$$\left(\frac{1}{x} \log x\right)' = \frac{1}{x^2} (1 - \log x)$$

となる．この問題は $\dfrac{1}{x} = x^{-1}$ とおいて
$(uv)' = u'v + uv'$ を用いても結果は同じである．

4） $\dfrac{dy}{dx} = \dfrac{dy}{du} \dfrac{du}{dx}$

　$y = y(u),\ u = u(x)$ のように表わされるとき，y は u を媒介にして x と関係があることになる．この場合，u を**媒介変数**という．微分の原点に戻って，$y,\ u,\ x$ の微小量を $\Delta y,\ \Delta u,\ \Delta x$ とおけば
$$\frac{\Delta y}{\Delta x} = \frac{\Delta y}{\Delta u} \frac{\Delta u}{\Delta x}$$
である．$\Delta x \to 0$ とすれば

$$\frac{dy}{dx} = \frac{dy}{du}\frac{du}{dx} = \frac{\frac{dy}{du}}{\frac{dx}{du}}$$

が成立する.

(例1) $y = (x^2 - x + 1)^3$ を微分せよ.

$u = (x^2 - x + 1)$ とおけば

$$y = u^3, \ u = x^2 - x + 1$$

$$\frac{dy}{du} = 3u^2, \ \frac{du}{dx} = 2x - 1$$

よって

$$\frac{dy}{dx} = 3u^2(2x-1) = 3(x^2 - x + 1)^2(2x - 1)$$

(例2) $x = a(\theta - \sin\theta), \ y = a(1 - \sin\theta), \ a > 0$ で表される曲線をサイクロイド曲線という. $\frac{dy}{dx}$ を計算せよ.

$$\frac{dx}{d\theta} = a(1 - \cos\theta), \ \frac{dy}{d\theta} = a\sin\theta$$

よって

$$\frac{dy}{dx} = \frac{\frac{dy}{d\theta}}{\frac{dx}{d\theta}} = \frac{\sin\theta}{1 - \cos\theta}$$

ここで, $1 - \cos\theta = 2\sin^2\frac{\theta}{2}$, $\sin\theta = 2\sin\frac{\theta}{2}\cos\frac{\theta}{2}$ であるから

$$\frac{dy}{dx} = \frac{\cos\frac{\theta}{2}}{\sin\frac{\theta}{2}} = \frac{1}{\tan\frac{\theta}{2}} = \cot\frac{\theta}{2}$$

となる.

5) $\dfrac{dy}{dx} = \dfrac{1}{\dfrac{dx}{dy}}$

前の4）と同様に

$\dfrac{\Delta y}{\Delta x} = \dfrac{1}{\dfrac{\Delta x}{\Delta y}}$ より明らかである．

（例1） $y = \sin^{-1} x$ を微分せよ．

$y = \sin^{-1} x$ は $x = \sin y$ と同じであるから
$$\dfrac{dx}{dy} = \cos y$$
である．よって
$$\dfrac{dy}{dx} = \dfrac{1}{\dfrac{dx}{dy}} = \dfrac{1}{\cos y}$$
となる．右図より，ゆえに
$$(\sin^{-1} x)' = \dfrac{1}{\sqrt{1-x^2}}$$

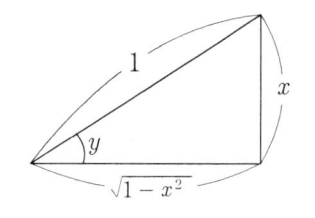

$\sin^{-1} x$ はアーク・サイン x (arcsine x) と読む．同様に，$\tan^{-1} p$ はアーク．タンジェント p である．

いま，$x = \sin y$ を考える．角度 y が決まると x は求められる．ところが，逆に x の値が分かっていて y を求めたい場合にはどのように表示したらよいか？ そこで記号 $[\sin^{-1}]$ を $x = \sin y$ の両辺に左側から掛け算すると，$a^{-1}a = 1$ と同じように
$$[\sin^{-1}]x = [\sin^{-1}]\sin y = y$$
となり，y は
$$y = \sin^{-1} x$$
と表わせる．

（例 2） $y = \tan^{-1} x$ を微分せよ．

$x = \tan y$ であるから

$$\frac{dx}{dy} = \frac{1}{\cos^2 y}, \quad \frac{dy}{dx} = \cos^2 y$$

右図より，ゆえに

$$(\tan^{-1} x)' = \frac{1}{1+x^2}$$

（例 3） $y = \log x$ を微分せよ．

$x = e^y$ であるから

$$\frac{dx}{dy} = e^y = x$$

$$\frac{dy}{dx} = \frac{1}{\frac{dx}{dy}} = \frac{1}{x}$$

ゆえに

$$(\log x)' = \frac{1}{x}$$

これは重要な公式の一つである．

5．不定積分

1) 不定積分，定積分

ある関数 $F(x)$ を微分すると $f(x)$ が得られたとすれば，

$$\frac{dF(x)}{dx} = f(x) \qquad \cdots (1)$$

逆に，$f(x)$ が既知のとき $F(x)$ を求めることを考える．上式から

$$f(x)dx = dF(x) \qquad \cdots (2)$$

と書ける．ここで，微分の原点に立ち戻って，$dx \to \Delta x$ とおけば

$$f(x)\Delta x = \Delta F(x)$$

となる．第1章の1－2）の区分求積法で述べたように，

$$\sum f(x)\Delta x = \sum \Delta F(x)$$

そこで，$\Delta x \to dx$ とおけば

$$\int f(x)dx = F(x) \qquad \cdots (3)$$

と書ける．この式を $f(x)$ の不定積分という．
C を x に無関係な定数とすれば，

$$\int f(x)dx = F(x) + C \qquad \cdots (4)$$

ここで，C を積分定数といい，物理現象を問題とするときには非常に重要となるが，ここでは触れない．

また，$x = a$ から $x = b$ まで $f(x)$ を積分するとき

$$\int_a^b f(x)dx = \left[F(x)\right]_a^b = F(b) - F(a) \qquad \cdots (5)$$

と書く．これを定積分という．

2）積分公式

1. 簡単な微分公式から得られる公式

微分と積分の関係

$$\frac{dF}{dx} = f(x) \ \to \ \int f(x)dx = F(x) \qquad \cdots (6)$$

から積分できるものを列挙すると，

$$(x^n)' = n x^{n-1} \to \int x^n dx = \frac{1}{n+1} x^{n+1}$$

$$(\sin x)' = \cos x \to \int \cos x\, dx = \sin x$$

$$(\cos x)' = -\sin x \to \int \sin x\, dx = -\cos x$$

$$(\tan x)' = \sec^2 x \to \int \sec^2 x\, dx = \tan x$$

$$(e^{ax})' = a e^{ax} \to \int e^{ax}\, dx = \frac{1}{a} e^{ax}$$

$$(\log x)' = \frac{1}{x} \to \int \frac{1}{x}\, dx = \log |x|$$

$$(\sin^{-1} x)' = \frac{1}{\sqrt{1-x^2}} \to \int \frac{dx}{\sqrt{1-x^2}} = \sin^{-1} x$$

$$(\tan^{-1} x)' = \frac{1}{\sqrt{1+x^2}} \to \int \frac{dx}{\sqrt{1+x^2}} = \tan^{-1} x$$

などである．また，

$$\int \tan x\, dx = -\log |\cos x|$$

$$\int \cot x\, dx = -\log |\sin x|$$

$$\int \frac{dx}{a^2 + x^2} = \frac{1}{a} \tan^{-1} \frac{x}{a},\ a \neq 0$$

$$\int \frac{dx}{\sqrt{a^2 - x^2}} = \sin^{-1} \frac{x}{a},\ a > 0$$

$$\int \frac{dx}{x^2 - a^2} = \frac{1}{2a} \log \left| \frac{x-a}{x+a} \right|,\ a > 0$$

である．

（例１） $\int \frac{dx}{x^2 - a^2} = \frac{1}{2a} \log \left| \frac{x-a}{x+a} \right|$ を証明せよ．

（解）
$$\frac{1}{x^2 - a^2} = \frac{1}{2a} \left(\frac{1}{x-a} - \frac{1}{x+a} \right)$$

$$\int \frac{dx}{x^2 - a^2} = \frac{1}{2a} \int \left(\frac{1}{x-a} - \frac{1}{x+a} \right) dx$$
$$= \frac{1}{2a} \left(\log|x-a| - \log|x+a| \right) = \frac{1}{2a} \log \left| \frac{x-a}{x+a} \right|$$

（例2） $I = \int \sin^2 x \, dx$ を求めよ．

（解）
$$\cos 2\theta = \cos^2 \theta - \sin^2 \theta = 1 - 2\sin^2 \theta$$
$$\sin^2 \theta = \frac{1}{2}(1 - \cos 2\theta)$$

よって
$$I = \frac{1}{2} \int (1 - \cos 2x) dx = \frac{1}{2} \left(x - \frac{1}{2} \sin 2x \right)$$
$$= \frac{1}{2} (x - \sin x \cos x)$$

2．置換積分

関数 $f(x)$ の変数 x が $x = g(t)$ とおける場合には
$$dx = g'(t) dt$$
であるから
$$\int f(x) dx = \int f\{g(t)\} g'(t) dt \qquad \cdots (7)$$
と表わされる．これを置換積分という．

（例1） $I = \int x\sqrt{1-x} \, dx$ を求めよ．

（解） $\sqrt{1-x} = t$ とおけば，$x = 1 - t^2$
$$dx = -2t \, dt$$
$$x\sqrt{1-x} \, dx = (1 - t^2) t (-2t \, dt) = 2(-t^2 + t^4) dt$$

$$I = 2\int(-t^2+t^4)dt = 2\left(-\frac{1}{3}t^3+\frac{1}{5}t^5\right)$$
$$= \frac{2}{15}t^3(-5+3t^2) = -\frac{2}{15}(1-x)^{\frac{3}{2}}(3x+2)$$

（例2） $I = \int \frac{x^2}{x+1}\,dx$ を求めよ．

（解） $x+1 = t$ とおけば，$dx = dt$

$$\frac{x^2}{x+1}dx = \frac{(t-1)^2}{t}dt = \left(t-2+\frac{1}{t}\right)dt$$
$$I = \int\left(t-2+\frac{1}{t}\right)dt = \frac{1}{2}t^2 - 2t + \log t$$
$$= \frac{1}{2}(x+1)^2 - 2(x+1) + \log|x+1|$$

（例3） $\int \sin^3\theta\cos\theta\,d\theta$ を計算せよ．

（解） $\sin\theta = t$ とおけば

$$d(\sin\theta) = \cos\theta\,d\theta = dt$$
$$\int \sin^3\theta\cos\theta\,d\theta = \int t^3 dt = \frac{1}{4}\sin^4\theta$$

（例4） $\int \frac{\log x}{x}\,dx$ を計算せよ．

（解） $\log x = t$ とおくと
$x = e^t,\ dx = e^t dt$

$$\frac{\log x}{x}dx = \frac{t}{e^t}e^t dt = t\,dt$$
$$\int \frac{\log x}{x}dx = \int t\,dt = \frac{1}{2}t^2 = \frac{1}{2}(\log x)^2$$

（例5） $I = \int \dfrac{1}{\sin x} dx$ を求めよ．

（解） $\tan \dfrac{x}{2} = t$ とおく．これは三角関数の積分の場合によく利用される．

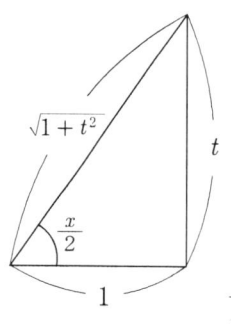

$$\begin{bmatrix} \sin \dfrac{x}{2} = \dfrac{1}{\sqrt{1+t^2}} & \sin x = 2\sin \dfrac{x}{2} \cos \dfrac{x}{2} \\ \cos \dfrac{x}{2} = \dfrac{1}{\sqrt{1+t^2}} & \quad = \dfrac{2t}{1+t^2} \\ \dfrac{1}{2} \sec^2 \dfrac{x}{2} dx = dt & \cos x = \cos^2 \dfrac{x}{2} - \sin^2 \dfrac{x}{2} \\ dx = \dfrac{2}{1+t^2} dt & \quad = \dfrac{1+t^2}{1+t^2} \end{bmatrix}$$

$$\dfrac{1}{\sin x} dx = \dfrac{1+t^2}{2t} \dfrac{2}{1+t^2} dt = \dfrac{1}{t} dt$$

$$\int \dfrac{1}{\sin x} dx = \int \dfrac{1}{t} dt = \log t = \log \left| \tan \dfrac{x}{2} \right|$$

3．部分積分

微分公式 $(uv)' = u'v + uv'$ を用いて積分すると

$$uv = \int u'v + \int uv'$$

となる．これを利用すると

$$\left. \begin{array}{l} \int u'v = uv - \int uv' \\ \int uv' = uv - \int u'v \end{array} \right\} \quad \cdots (8)$$

を得る．これを部分積分という．

（例1） $I = \int \log x\, dx$ を求めよ．

（解）$\begin{pmatrix} u' = 1 \\ v = \log x \end{pmatrix}$ とおけば $\begin{pmatrix} u = x \\ v' = \dfrac{1}{x} \end{pmatrix}$

$$\int u'v = uv - \int uv'$$
$$I = x\log x - \int x \times \frac{1}{x}\,dx = x\log x - \int dx$$
$$= x\log x - x = x(\log x - 1)$$

（例2） $I = \displaystyle\int x\mathrm{e}^x dx$ を求めよ．

（解）$\begin{pmatrix} u = x \\ v' = \mathrm{e}^x \end{pmatrix}$ とおけば $\begin{pmatrix} u' = 1 \\ v = \mathrm{e}^x \end{pmatrix}$

$$\int uv' = uv - \int u'v$$
$$I = x\mathrm{e}^x - \int \mathrm{e}^x dx = x\mathrm{e}^x - \mathrm{e}^x$$
$$= (x-1)\mathrm{e}^x$$

（例3） $I = \displaystyle\int e^{ax}\sin bx\,dx$ を求めよ．

$\begin{pmatrix} u' = \mathrm{e}^{ax} \\ v = \sin bx \end{pmatrix} \rightarrow \begin{pmatrix} u = \dfrac{1}{a}\mathrm{e}^{ax} \\ v' = b\cos bx \end{pmatrix}$

$$I = \frac{1}{a}\mathrm{e}^{ax}\sin bx - \frac{b}{a}\int \mathrm{e}^{ax}\cos bx\,dx$$

ここで

$$\int e^{ax}\cos bx\,dx = J \quad \text{とおく}$$

$$\begin{pmatrix} u' = ax \\ v = \cos bx \end{pmatrix} \to \begin{pmatrix} u = \dfrac{1}{a}e^{ax} \\ v' = -b\sin bx \end{pmatrix}$$

$$J = \dfrac{1}{a}e^{ax}\cos bx + \dfrac{b}{a}\int e^{ax}\sin bx\,dx$$
$$= \dfrac{1}{a}e^{ax}\cos bx + \dfrac{b}{a}I$$

よって

$$I = \dfrac{1}{a}e^{ax}\sin bx - \dfrac{b}{a}\left(\dfrac{1}{a}e^{ax}\cos bx + \dfrac{b}{a}I\right)$$
$$\therefore\quad I = \dfrac{1}{a^2+b^2}e^{ax}(a\sin bx - b\cos bx)$$
$$J = \dfrac{1}{a^2+b^2}e^{ax}(b\sin bx + a\cos bx)$$

6．空間図形への応用

1）平面座標

(1) 直角座標

曲線 $y = f(x)$ 上の二点を $P(x, y)$, $Q(x+dx, y+dy)$ とする．P, Q 間の長さを $\overparen{PQ} = dl$，高さ y，幅 dx の矩形の微小面積を dS とおけば，図 9 より

$$\left. \begin{aligned} dl &= \sqrt{(dx)^2 + (dy)^2} = \sqrt{1 + \left(\dfrac{dy}{dx}\right)^2}\,dx \\ dS &= y\,dx = f(x)\,dx \end{aligned} \right\} \quad \cdots\cdots (1)$$

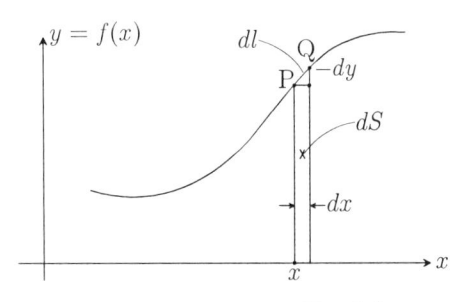

図 9 直角座標の dl, dS

となる.

(2) 極座標

曲線 $r = r(\theta)$ 上の 2 点を $P(r, \theta)$, $Q(r+dr, \theta+d\theta)$ とする. 長さを $PQ = dl$, 扇形 OPQ の微小面積を dS とおけば, 図 10 より

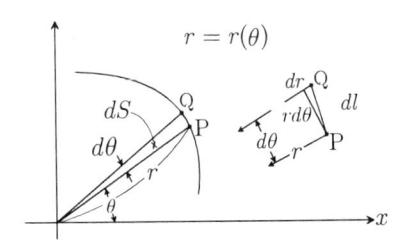

図 10 極座標の dl, dS

$$\begin{pmatrix} x = r\cos\theta \\ y = r\sin\theta \end{pmatrix}$$

$$\left.\begin{array}{l} dl = \sqrt{(rd\theta)^2 + (dr)^2} = \sqrt{r^2 + \left(\dfrac{dr}{d\theta}\right)^2}\, d\theta \\ dS = \dfrac{1}{2}\, r^2 d\theta \end{array}\right\} \cdots\cdots (2)$$

となる.
2) 立体座標
(1) 円筒座標

図11 に円筒座標を示す．曲面上の点 $P(\rho, \phi, z)$ の近傍に点 $Q(\rho + d\rho, \phi + d\phi, z + dz)$ をとると，$PQ = dl$ と微小体積 dv は

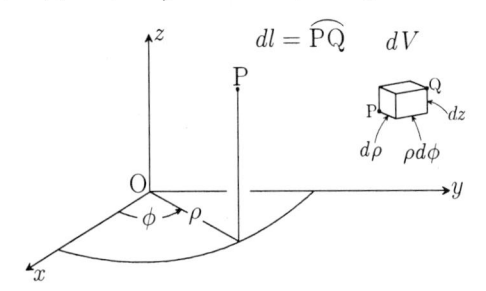

図11 円筒座標の dl, dV

$$\left\{\begin{array}{l} x = \rho \cos\phi \\ y = \rho \sin\phi \\ z = z \end{array}\right.$$

$$\left.\begin{array}{l} dl = \sqrt{(d\rho)^2 + (\rho d\phi)^2 + (dz)^2} \\ dV = \rho\, d\rho\, d\phi\, dz \end{array}\right\} \quad \cdots\cdots (3)$$

となる．

(2) 球座標

第三章12 (図35) から dl, dv は

$$\left\{\begin{array}{l} x = r\sin\theta\cos\phi \\ y = r\sin\theta\sin\phi \\ z = r\cos\theta \end{array}\right.$$

$$\left.\begin{array}{l} dl = \sqrt{(dr)^2 + (rd\theta)^2 + (r\sin\theta d\phi)^2} \\ dV = r^2 \sin\theta\, dr\, d\theta\, d\phi \end{array}\right\} \quad \cdots\cdots (4)$$

となる．

積分範囲を指定して定積分を行えば l, v の値が求められる．ここでは，空間座標の微小面積は六面となるので式として表さなかった．

例 1．サイクロイド曲線は $x = a(\theta - \sin\theta)$, $y = a(1 - \cos\theta)$ で表わされる．この曲線と x 軸で囲まれる面積を求めよ．

解：
$$dS = y\,dx = a^2(1-\cos\theta)^2 d\theta = a^2(1 - 2\cos\theta + \cos^2\theta)d\theta$$
$$= a^2\left\{1 - 2\cos\theta + \frac{1}{2}(1 + \cos 2\theta)\right\}d\theta$$
$$\therefore\quad S = a^2\left[\frac{3}{2}\theta - 2\sin\theta + \sin 2\theta\right]_0^{2\pi} = \underline{3\pi a^2}$$

例 2．連珠形 $r^2 = a^2 \cos 2\theta$ の面積を求めよ．

解：

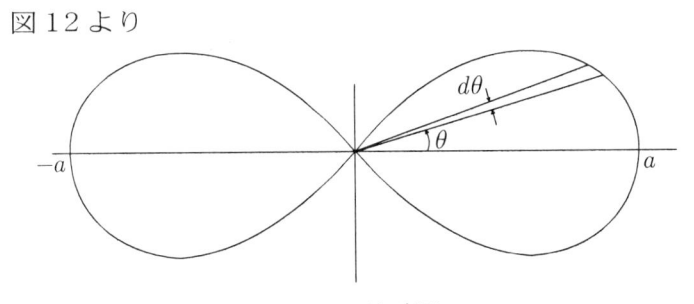

図 12 より

図 12　連珠形

$$dS = \frac{1}{2}r^2 d\theta = \frac{1}{2}a^2 \cos 2\theta\, d\theta$$
$$\therefore\quad S = \frac{1}{2}a^2 \int_0^{\frac{\pi}{4}} \cos 2\theta\, d\theta = \frac{1}{2}a^2 \left[\frac{1}{2}\sin 2\theta\right]_0^{\frac{\pi}{4}}$$
$$= \frac{1}{4}a^2$$

S は第一象限の面積であるから，全体の面積 S_0 は
$$S_0 = 4S = a^2$$

例3． 楕円 $\dfrac{x^2}{a^2} + \dfrac{y^2}{b^2} = 1$ の面積および x 軸を中心軸として一回転してできる立体の体積を計算せよ．

解：
$$dS = y\,dx = \frac{b}{a}\sqrt{a^2 - x^2}\,dx$$

ここで，$I = \displaystyle\int \sqrt{a^2 - x^2}\,dx,\ x = a\sin t$ とおく

$$I = a^2 \int \cos^2 t\,dt = \frac{a^2}{2}\int (\cos 2t + 1)dt$$
$$= \frac{a^2}{2}\left(\frac{1}{2}\sin 2t + t\right) = \frac{a^2}{2}(\sin t \cos t + t)$$
$$= \frac{1}{2}x\sqrt{a^2 - x^2} + \frac{1}{2}a^2 \sin^{-1}\left(\frac{x}{a}\right)$$
$$S = \frac{b}{a}\left[\frac{1}{2}x\sqrt{a^2 - x^2} + \frac{1}{2}a^2 \sin^{-1}\left(\frac{x}{a}\right)\right]_0^a$$
$$= \frac{1}{2}ab \sin^{-1} 1 = \frac{1}{2}ab \times \frac{\pi}{2} = \frac{1}{4}\pi ab$$

S は第一象限の面積であるから，求める面積 S_0 は
$$S_0 = 4S = \pi ab$$

回転楕円体の体積を V_0 とする．
$$dV = \pi y^2 dx = \pi \frac{b^2}{a^2}(a^2 - x^2)dx$$
$$V = \pi \frac{b^2}{a^2}\left[a^2 x - \frac{1}{3}x^3\right]_0^a = \frac{2}{3}\pi ab^2$$

よって，V_0 は，
$$V_0 = 2V = \frac{4}{3}\pi ab^2$$

練習問題

1．次の関数を微分せよ．

1) $x(1-x^2)$

2) $(x+1)(x+3)(x+5)$

3) $a + \dfrac{b}{x^2}$

4) $\dfrac{1+x}{1-x}$

5) $\log(ax+b)$

6) $\log\sqrt{1-x^2}$

7) $\dfrac{a-x}{a+x}$

8) $\sqrt{\dfrac{x-1}{2x+1}}$

9) $\sin^2(ax)$

10) $\sqrt{\cos 2x}$

11) $\dfrac{\sqrt{x}}{2} - \dfrac{2}{\sqrt{x}}$

12) $x\sqrt{a^2+x^2}$

13) $\dfrac{\sin x}{x}$

14) $x^2 \cos^{-1} x$

15) $e^{ax} \sin bx$

16) $\dfrac{a}{2}(e^{\frac{x}{a}} - e^{-\frac{x}{a}})$

2．次の関数の不定積分を求めよ．

1) $\sqrt{ax+b}$

2) $x\sqrt{a^2+b^2x^2}$

3) $\dfrac{x}{\sqrt{a+bx^2}}$

4) $\sin kx$

5) $\dfrac{1}{\sqrt{1-x^2}}$

6) $\dfrac{1}{x^2-4}$

7) $\dfrac{1}{x^2+4x+3}$

8) $x^2 e^{ax}$

9) $\sin^2 x$

10) $\sin^2 x \cos x$

11) $\dfrac{1}{1+\cos x}$

12) $x \cos x$

3．次の定積分を求めよ．

1) $\displaystyle\int_1^2 x^2 dx$

2) $\displaystyle\int_0^1 \frac{x^3}{1+x} dx$

3) $\displaystyle\int_1^2 \frac{1}{\sqrt{2x-1}} dx$

4) $\displaystyle\int_0^{1/2} \frac{1}{\sqrt{1-x^2}} dx$

5) $\displaystyle\int_0^1 \frac{1}{1+e^x} dx$

6) $\displaystyle\int_0^a \sqrt{a^2-x^2} dx$

7) $\displaystyle\int_{-\infty}^{\infty} \frac{1}{1+x^2} dx$

8) $\displaystyle\int_0^{\pi/2} \cos^2 x dx$

9) $\displaystyle\int_0^{\pi} x^2 \sin x dx$

10) $\displaystyle\int_0^{\pi/2} e^x \cos x dx$

《懇話会》

　まず始めに，老爺（著者）が「懇話会」について，読者の皆さんに紹介します．

　本書の原稿を略々書き終えたとこで，望月太郎君と丸山吾郎君の意見などを聞いてみようと考え，三人だけの小さな「懇話会」をつくったのです．

老爺：　太郎君から自己紹介をして下さい．

太郎：　1948 年生まれの望月太郎です．O 大学建築学科卒業後すぐに F 建設会社に入社しました．40 歳から約 10 年間は耐震高層建築の設計に関わってきましたが，現在は若手社員の教育を担当しています．

吾郎：　1972 年生まれで丸山吾郎です．P 大学電気工学科の大学院を出て教室の助手をしています．高速自動機械の応答速度と精度の関連を主な研究テーマにしております．

老爺：　自他ともに認める老爺の竹井力です．1925 年生まれでQ大学物理学科を卒業して学校の教師となり，物理・応用数学を教えながら医用放射線物理の仕事をしてきました．7 年前に退職して隠居中の身です．

　この会で出た議論や意見をまとめて「話」の形にし，順番に各章の最後に載せることにしました．太郎君は友人の甥，吾郎君は知人の子息です．両君とも論客で知られていますので，皆さんの期待に応えられるのではないかと思っています．

●第一話　求積法の動機

太郎：　円と球の求積法を考えた動機を話して下さい．

老爺：　25年程前になりますが，ある国立病院から，ラジウムがパンクして汚染しているようだから測定してくれないかと依頼されたのです．測定値から放射能の量を正確に算出せねばなりませんが，それには立体角の計算が必要になります．そのためにいろいろと図形を画いていたところ，変形短冊型（二章の6）で円の面積が求まることが分かったのです．これが円と球に私が深く関わるようになった最初です．

　つぎに，14年前ですが，第二の人生で再び学生に応用数学を教えることになり，愉しく微積分を勉強してもらいたいと昔の変形短冊型を想い出し，他の微分法（型）を考え始めたのです．そのいくつかは学生に配布した教材テキストに「円と球の微積分法」の項目で載せました．退職後，追加して書いたということです．

太郎：　円と球は至極単純な形状であるといってよいでしょうが，求積法が幾通りもあることが分かると，微積分の対象としては特別な存在に思われます．円周率の役割の大きさを改めて感じます．

吾郎：　先日，数人の大学院生に「円の面積の πR^2 を計算する方法は幾つ位あると思うか？」と訊ねてみたのです．「さあー，2つかな！？，いや3つくらいかな！？」という答えがかえってきました．そこで，「8通り有るそうだよ」と話しますと．「そんなにあるのか!!」と驚いていました．この求積法は伯父さんの好奇心の産物ですね．

老爺：知らないことがいっぱいありますから．物好き者であるのでしょう．

● 第二話　微積分法の発見

　微積分法は１７世紀後半ニュートンとライプニッツによって相前後して発見された．

　ニュートン（1643～1727，イギリス．物理，数学，天文学）は二項定理から無限級数の研究に入り，1666 年「流動法」という形をとりあげ，質点の行程から速さを求めること（微分）やその逆問題（積分）について論じた．その論文は 1669 年と 1672 年の 2 回書かれたが，一般からは認められなかった．

　ライプニッツ（1646～1716，ドイツ．哲学，数学，政治家）は 1676 年幾何学の観点から「逆接線法の諸問題」の論文で微積分法を発表した．

　1676 年には両者の間で微積分法発見の優先権についての論争が始まるが，1685～1686 年ニュートンの「自然哲学の数学的原理」（プリンキピア，三巻，ラテン語版）の大著が刊行されるに至って，この論争は終わる．

　現在われわれが使っている微分記号：d と積分記号：$\int$ はライプニッツの発案したものである．

老爺：　以上は理科学辞典（岩波）などの資料から得たものです．
太郎：　ニュートンはフック（1635～1703，イギリス．物理，天文学．－弾性体に関するフックの法則－1660）ともスペクトル実験の解釈で論争します．白色光はそれぞれ一定の屈折率をもつ単色光の合成であることをニュートンは主張し，単色光を認めない旧来の論者や波動論を唱えるフックは反対します．とくにフックとの論争は激しくなったのでニュートンは煩わしさを嫌って沈黙し

ます．1679 年フックはこの論争後初めてニュートンに音信し，天体運動の問題に触れたのがきっかけになってニュートンは再び惑星運動の研究にとりかかります．

1684 年フック，レン（1632～1723，イギリス．物理，天文学，のちに建築家．－セント・ポール大聖堂設計），ハレー（1656～1742，イギリス．天文学．－ハレー彗星発見）らが逆 2 乗力によってケプラーの三法則を説明することを論じ合ったのち，ハレーはニュートンを訪問し，ニュートンから"既にその解は得ている"と言われ，論文発表を勧めます．そして，名著「プリンキピア」が 1685 年世に出ます．

ケプラー（1571～1630，ドイツ）の三法則（1609―1619）は次の通りです．第一，惑星の軌道は太陽を 1 つの焦点とする楕円である．第二，太陽と惑星とを結ぶ線分が同じ時間に画く面積は常に一定である．第三，各惑星の公転周期の 2 乗は太陽からの平均距離の 3 乗に比例する，です．

老爺：今日，われわれがよく知っている 17 世紀の科学者達の研究成果は産業革命（18 世紀中期から 19 世紀前期）の原動力となって大きく開花します．まさに，17 世紀後半はニュートンを主役とする"近代自然科学の夜明け"という名のドラマの時代です．

第二章　円の求積法

円の面積の計算法8通りを紹介する．微分（細分）片の形状に名称をつけ，リング型，短冊型，……に分類した．この分類（型名）は，微分と積分の関係を明確にするため，筆者が勝手につけた名称である．

1. 台形展開型

Oを中心とする半径Rとrの二つの同心円を画き，$\angle \text{AOB} = \angle \text{DOC} = \theta$とする．円弧$\widehat{AB}$と$\widehat{CD}$で囲まれたABCDの部分を台形A'B'C'D'に展開して面積を計算する．

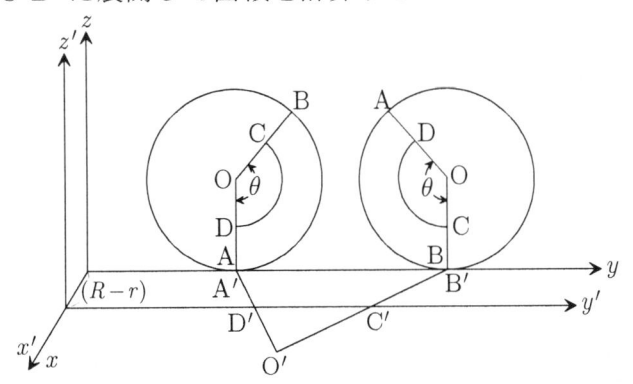

図13　台形展開の説明図

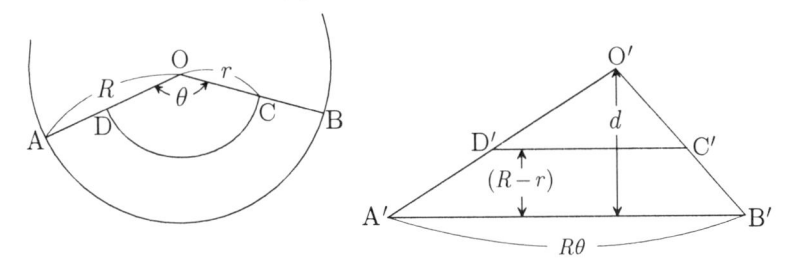

図14　台形展開型

台形展開法を図 13, 図 14 に示す. 図 13 の直角座標を (x, y, z) と (x', y', z'), y 軸と y' 軸の距離を $(R-r)$ とする. 半径 R の円を yz 平面内で y 軸上を滑らないように回転させ, 円周上の点 A および B が y 軸と接する点を A′ および B′ とすると, 円弧 $\widehat{AB}$ は直線 $\overline{A'B'}$ に展開されて $\widehat{AB} = \overline{A'B'}$ となる. 同様に半径 r の円を $y'z'$ 平面内で y' 軸上を回転させ円弧 $\widehat{DC}$ を直線 $\overline{D'C'}$ に展開すると $\widehat{DC} = \overline{D'C'}$ となる.

台形 A′B′C′D′ は高さ $(R-r)$, 下辺 $R\theta$, 上辺 $r\theta$ であるから, その面積 $S(\theta)$ は

$$S(\theta) = \frac{1}{2}(R-r)(R+r)\theta = \frac{1}{2}(R^2 - r^2)\theta \quad \cdots (2.1)$$

で表わされ, 円弧 $\widehat{AB}$ と $\widehat{CD}$ で囲まれた面積に等しい.

直線 A′D′ と B′C′ の交点を O′ とし, O′ から A′B′ に下した垂線の長さを d とすれば, 比例関係より

$$\frac{r\theta}{R\theta} = \frac{d-(R-r)}{d}, \quad \therefore d = R \quad \cdots (2.2)$$

となる.

台形展開時の A′ と D′ の位置によって △O′A′B′ は直角三角形, 二等辺三角形, 不等辺三角形となるが, その面積 $S_0(\theta)$ は同じである. $r = 0$ を (2.1) に代入すると

$$S_0(\theta) = \frac{1}{2}R^2\theta \quad \cdots (2.3)$$

となり, 扇型 OAB の面積に等しい.

$\theta = 2\pi$ とおけば, 円の面積 S は

$$S = \underline{\pi R^2}$$

となる.

2．リング型

　半径 R の円を O を中心とする幅 Δr の数多くの同心円に分割したとし，その一つのリング状の微小面積を ΔS とする．この部分を図 14 のように展開すると，上辺が $2\pi r$，下辺が $2\pi(r+\Delta r)$，高さが Δr の台形となる．面積 ΔS は

$$\Delta S = \frac{1}{2}2\pi(2r+\Delta r)\Delta r = 2\pi r\Delta r + \pi(\Delta r)^2$$

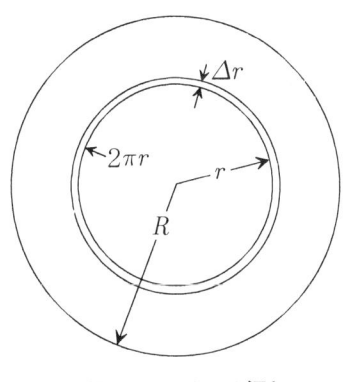

図１５　リング型

となる．$\Delta r \to 0$ とおけば，第二項は無限小となり，微分記号で表わすと

$$dS = 2\pi r dr \qquad \cdots (2.4)$$

となる．r を O から R まで積分すると，円の面積は

$$S = \int dS = \int_0^R 2\pi r dr = \pi[r^2]_0^R = \underline{\pi R^2}$$

となる．

　この方法は極めて簡単である．

３．リング断片型

円周上の一点 A を中心として，半径 r と $r + dr$ の円を新しく画く．この二つの円弧と半径 R の円弧で囲まれた部分のリング状断片の面積を dS とする．a を直径とすれば，

$$r = a\cos\theta, \; dr = -a\sin\theta\, d\theta$$

dS 部分の円弧の長さは $2r\theta$ であるから

$$\begin{aligned}dS &= 2r\theta\, dr = 2(a\cos\theta)\theta(-a\sin\theta\, d\theta) \\ &= -2a^2\theta\sin\theta\cos\theta\, d\theta = -a^2\theta\sin 2\theta\, d\theta\end{aligned} \quad \cdots(2.5)$$

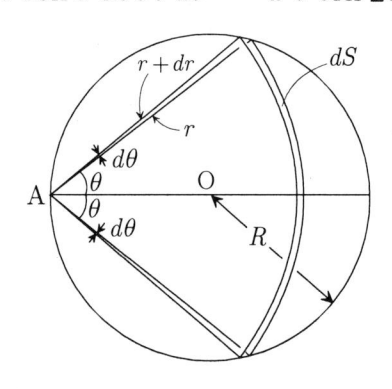

図16　リング断片型

積分範囲は，r の $0 \to a$ に対して，θ は $\dfrac{\pi}{2} \to 0$ である．よって

$$S = -a^2\int_{\frac{\pi}{2}}^{0}\theta\sin 2\theta\, d\theta = a^2\int_{0}^{\frac{\pi}{2}}\theta\sin 2\theta\, d\theta$$

部分積分の公式を用いる．

$$\int uv' = uv - \int u'v$$

$$\begin{pmatrix}u = \theta \\ v' = \sin 2\theta\end{pmatrix} \to \begin{pmatrix}u' = 1 \\ v = -\dfrac{1}{2}\cos 2\theta\end{pmatrix}$$

より

$$S = a^2 \left[-\frac{1}{2}\theta\cos 2\theta\right]_0^{\frac{\pi}{2}} + \frac{1}{2}a^2 \int_0^{\frac{\pi}{2}} \cos 2\theta d\theta$$
$$= a^2 \frac{1}{4}\pi + \frac{1}{4}a^2[\sin 2\theta]_0^{\frac{\pi}{2}} = \frac{1}{4}\pi a^2 + 0 = \frac{1}{4}\pi a^2$$

ここで，$a = 2R$ であるから

$$\underline{S = \pi R^2}$$

が求められた．

4．短冊型

　定積分の例題として高校の教科書に載っているものと同じ分類型である．x 軸に垂直な二つの直線で円を分割すると，高さ y，幅 dx の細長い短冊状の図形ができる．この短冊状の面積 dS は $dS = ydx$ である．図の短冊の部分を見ると，高さは等しくなっていない．眼に見えるように図を画くと，どうしても大きさをもった Δx で示す以外に方法はないからである．$\Delta x \to dx$ とおくと，

$$\begin{pmatrix} x = R\cos\theta \\ y = R\sin\theta \end{pmatrix}$$

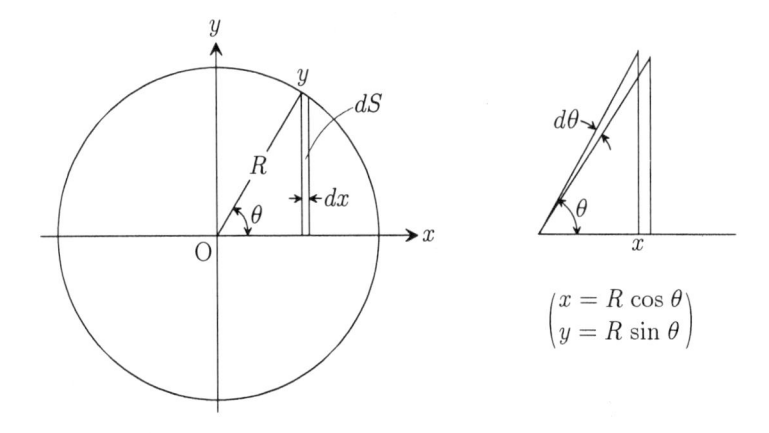

図17　短冊型

dx は無限小となり高さは等しくなる．このことを理解することが大切である．これはいろいろな問題を解くと分かってくる．

円の方程式は $x^2 + y^2 = R^2$ であるから
$$dS = ydx = \sqrt{R^2 - x^2}\, dx \qquad \cdots (2.6)$$
となる．このままではすぐに解けないので，θ で変数変換をする．三角関数の公式より
$$x = R\cos\theta,\ y = R\sin\theta$$
$$dx = -R\sin\theta d\theta$$
よって dS は
$$dS = -R^2 \sin^2\theta d\theta \qquad \cdots (2.7)$$

$$\left[\begin{array}{l} \cos 2\theta = \cos^2\theta - \sin^2\theta = 1 - 2\sin^2\theta \\ \therefore -\sin^2\theta = \dfrac{1}{2}(\cos 2\theta - 1) \end{array} \right]$$

積分するとき，上限と下限の取り方に注意する必要がある．x が $0 \to R$ と変わると，θ は $\dfrac{\pi}{2} \to 0$ となる．詳しく書くと
$$S = \int_0^R y\,dx = \frac{1}{2}R^2 \int_{\frac{\pi}{2}}^{0} (\cos 2\theta - 1)d\theta$$
$$= \frac{1}{2}R^2 \left[\frac{1}{2}\sin 2\theta - \theta \right]_{\frac{\pi}{2}}^{0} = \frac{1}{4}\pi R^2$$

この S は円の面積の $\dfrac{1}{4}$ だけの値であるから，円の面積 S_0 は
$$S_0 = 4S = \underline{\pi R^2}$$
が得られた．

5．変形扇型

円の直径を AB$(=a)$，円周上の点を C とすれば，△ABC は直

角三角形となる．∠CAD $= d\theta$ とおけば，$\overline{\text{AC}} = r = a\cos\theta$ となる．

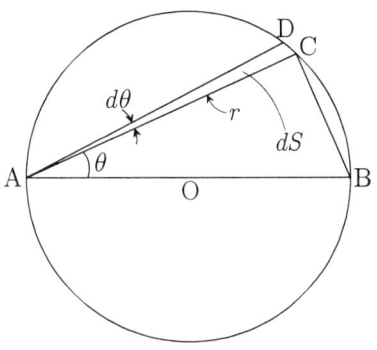

図18　変形扇形型

AC, AD, $\overparen{\text{CD}}$ で囲まれる変形した扇形の微小面積を dS とおけば，dS の部分は二等辺三角形とみなしてよいから

$$dS = \frac{1}{2}r^2 d\theta = \frac{1}{2}a^2\cos^2\theta d\theta$$

$$\begin{bmatrix} \cos 2\theta = \cos^2\theta - \sin^2\theta = 2\cos^2\theta - 1 \\ \therefore \cos^2\theta = \frac{1}{2}(\cos 2\theta + 1) \end{bmatrix}$$

$$S = \frac{1}{4}a^2 \int_{-\frac{\pi}{2}}^{\frac{\pi}{2}} (\cos 2\theta + 1) d\theta$$

$$= \frac{1}{4}a^2 \left[-\frac{1}{2}\sin 2\theta + \theta \right]_{-\frac{\pi}{2}}^{\frac{\pi}{2}} = \frac{1}{4}\pi a^2$$

$\cdots$(2.8)

ここで，$a = 2R$ であるから

$$\underline{S = \pi R^2}$$

が得られる．

6. 変形短冊型

円 O の外側に点 P をとり，P から直線を引き円との交点を A，B とする．∠OPA $= \theta$ とおく．θ および $\theta + d\theta$ の直線と $\overparen{\mathrm{A'A}}$，$\overparen{\mathrm{B'B}}$ とで囲まれた変形短冊の微小面積を dS とする．O から

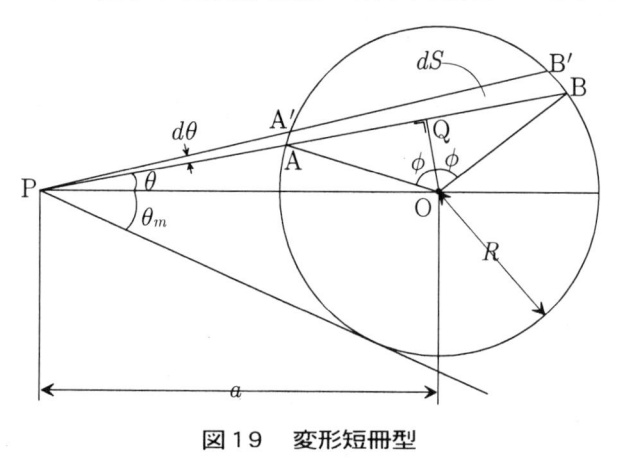

図19 変形短冊型

PB に下ろした垂線の足を Q とし，∠AOQ $= \phi$, PO $= a$ とおけば，

$$\mathrm{PQ} = a\cos\theta, \quad \mathrm{AQ} = \mathrm{BQ} = R\sin\phi$$
$$\mathrm{OQ} = a\sin\theta = R\cos\phi$$

OQ の式を微分すると

$$a\cos\theta\, d\theta = -R\sin\phi\, d\phi \qquad \cdots (2.9)$$

となる．また，

$$\mathrm{PA} = a\cos\theta - R\sin\phi, \quad \mathrm{PB} = a\cos\theta + R\sin\phi$$

dS は △PBB$'$ $-$ △PAA$'$ の面積に等しいから

$$dS = \frac{1}{2}(a\cos\theta + R\sin\phi)^2 d\theta - \frac{1}{2}(a\cos\theta - R\sin\phi)^2 d\theta$$
$$= 2aR\cos\theta\sin\phi\, d\theta \qquad \cdots (2.10)$$

(2.9)を(2.10)に代入すると
$$dS = -2R^2 \sin^2 \phi d\phi = R^2(\cos 2\phi - 1)d\phi$$
積分範囲は$\theta = 0 \to \theta_m$に対して$\phi = \frac{\pi}{2} \to 0$である．よって
$$S = R^2 \int_{\frac{\pi}{2}}^{0} (\cos 2\phi - 1)d\phi = R^2 \left[\frac{1}{2}\sin 2\phi - \phi\right]_{\frac{\pi}{2}}^{0} = \frac{1}{2}\pi R^2$$
Sを2倍すると，円の面積S_0は
$$\underline{\underline{S_0 = \pi R^2}}$$
となる．

7．正多角形

円Oの円周$2\pi R$を$n(=5,6,7,\cdots)$等分し，等分点をA, B, C, D, ……とすれば多角形ABCD……は正n角形となる．$\stackrel{\frown}{\text{AB}}$の中点Pを通り円に接線A'B'を引くと，A'B'はABに平行となる．よって，△OABと△OA'B'は頂角$\theta(2\pi/n)$の二等辺三角形となる．

扇形OABの面積をΔSとおけば，面積の間に△OAB＜ΔS＜△OA'B'の不等式が成り立つ．

図より

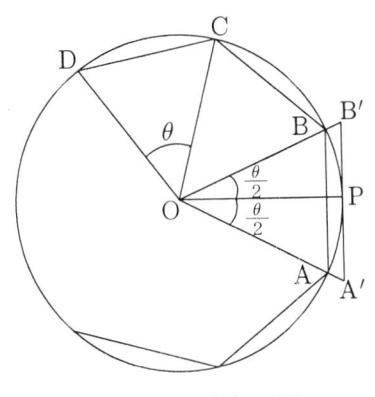

図20　正多角形型

$$R^2 \sin \frac{\theta}{2} \cos \frac{\theta}{2} < \Delta S < R^2 \tan \frac{\theta}{2}$$

$$\therefore \quad \frac{1}{2} R^2 \sin \theta < \Delta S < R^2 \tan \frac{\theta}{2} \quad \cdots (2.11)$$

三角関数の展開式は $-\frac{\pi}{2} < x < \frac{\pi}{2}$ のとき

$$\left.\begin{array}{l} \sin x = x - \dfrac{1}{3!} x^3 + \dfrac{1}{5!} x^5 - \cdots \\ \tan x = x + \dfrac{1}{3} x^3 + \dfrac{2}{15} x^5 + \cdots \end{array}\right\} \quad \cdots (2.12)$$

である. $x = \dfrac{\theta}{2}$ とおけば

$$\begin{aligned} \tan \frac{\theta}{2} &= \frac{\theta}{2} + \frac{1}{3} \left(\frac{\theta}{2}\right)^3 + \frac{2}{15} \left(\frac{\theta}{2}\right)^5 + \cdots \\ &= \frac{1}{2} \left(\theta + \frac{1}{12} \theta^3 + \frac{1}{120} \theta^5 + \cdots \right) \end{aligned} \quad \cdots (2.13)$$

となる. したがって(2.11)式は

$$\frac{1}{2} R^2 \theta \left(1 - \frac{1}{6} \theta^2 + \cdots \right) < \Delta S < \frac{1}{2} R^2 \theta \left(1 + \frac{1}{12} \theta^2 + \cdots \right)$$

となる. 円の面積は $S = n \Delta S$ であるから, 上式を n 倍すると

$$\frac{1}{2} n \theta R^2 \left(1 - \frac{1}{6} \theta^2 \cdots \right) < S < \frac{1}{2} n \theta R^2 \left(1 + \frac{1}{12} \theta^2 + \cdots \right)$$

$\theta = {2\pi}/{n}$ であるから

$$\pi R^2 \left\{1 - \frac{1}{6} \left(\frac{2\pi}{n}\right)^2 + \cdots \right\} < S < \pi R^2 \left\{1 + \frac{1}{12} \left(\frac{2\pi}{n}\right)^2 + \cdots \right\}$$

ここで, $n \to \infty$ とおくと

$$\underline{S = \pi R^2}$$

が得られる.

8. ディスク溝型

レコード盤，CD ディスク，フロッピーディスクなどの溝のある円板（ディスク）を考える．回転中心から溝の位置までの直線距離を ρ，溝幅を a，回転角を θ とおけば，$\rho = a\theta/2\pi$ で表わされる．

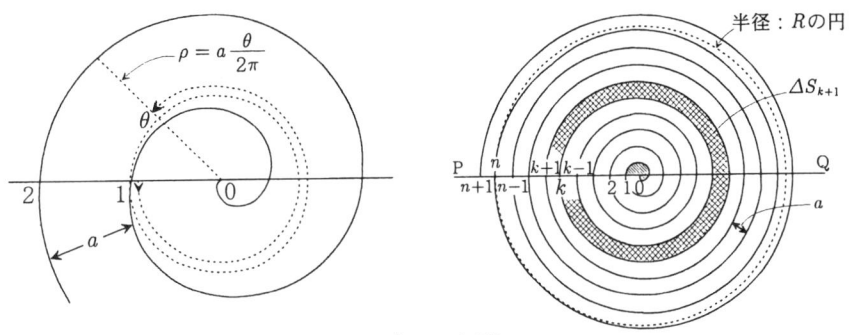

図 21 ディスク型

実際のディスクは中心に近い部分に溝は作られないが，ここでは図のように $\rho = 0$ から溝があるものとして計算する．中心を通る PQ の線で円板を二つに切断し，溝の境目に沿って切ってゆくとリングを半分にした形の多数の切片ができる．隣合った上下の二個の切片を再度継ぎ合わせると一個の変形したリングができる．

三点 $k-1, k, k+1$ を通る微小リングの面積 ΔS_k を計算する．$k-1$ と k および k と $k-1$ の点を通る溝の長さをそれぞれ l_{k-1}, l_k とおけば，

$$l_{k-1} = \int_{2\pi(k-1)}^{2\pi k} \rho\, d\theta = \frac{a}{2\pi} \int_{2\pi(k-1)}^{2\pi k} \theta\, d\theta = \frac{a}{4\pi}[\theta]_{2\pi(k-1)}^{2\pi k}$$

$$\left. \begin{array}{l} l_{k-1} = 2\pi a \left(k - \dfrac{1}{2}\right) \\ l_k = 2\pi a \left(k + \dfrac{1}{2}\right) \end{array} \right\} \qquad \cdots (2.14)$$

となる．このリングは高さ a, 上辺 l_{k-1}, 下辺 l_k の台形に展開できる．よって ΔS_k は

$$\Delta S_k = 2\pi a^2 k, \quad k = 1, 2, 3 \cdots \cdots \qquad \cdots (2.15)$$

また，リングを作らない中心付近の蝸牛部分の面積を ΔS_0 とおけば，

$$\begin{aligned} \Delta S_0 &= \frac{1}{2}\int_0^{2\pi} \rho^2 d\theta = \frac{1}{2}\left(\frac{a}{2\pi}\right)^2 \int_0^{2\pi} \theta^2 d\theta \\ &= \frac{1}{2}\left(\frac{a}{2\pi}\right)^2 \left[\frac{1}{3}\theta^3\right]_0^{2\pi} = \frac{1}{3}\pi a^2 \end{aligned} \qquad \cdots (2.16)$$

つぎに，半径 R の円をディスク溝の最外側の点を通るように画く．図のように $R = na$ とおけば，円の面積 A は次の不等式で表わされる．

$$\sum_{k=1}^{n-1} \Delta S_k + \Delta S_0 < A < \sum_{k=1}^{n} \Delta S_k + \Delta S_0 \qquad \cdots (2.17)$$

$$\sum_{n=1}^{n-1} \Delta S_k = 2\pi a^2 \sum_{k=1}^{n-1} k = \pi a^2 (n-1)n$$

$$\sum_{k=1}^{n} \Delta S_k = 2\pi a^2 \sum_{k=1}^{n} k = \pi a^2 n(n+1)$$

$$\pi a^2 \left(n^2 - n + \frac{1}{3}\right) < A < \pi a^2 \left(n^2 + n + \frac{1}{3}\right)$$

$R = na$ より a を消去すると

$$\pi R^2 \left(1 - \frac{1}{n} + \frac{1}{3n^2}\right) < A < \pi R^2 \left(1 + \frac{1}{n} + \frac{1}{3n^2}\right)$$

となる．$n \to \infty$ とおけば，

$$\underline{A = \pi R^2}$$

が得られる．

《懇話会》

●第三話　台形展開型と扇形型

吾郎：円の台形展開型は扇形型とした方がよいと思います．

　微小中心角 $d\theta$ の張る円弧の長さを $R\,d\theta$ とし，微小扇形を二等辺三角形とみなして面積を $dS = \dfrac{1}{2} R^2 d\theta$ とおき，積分して $S = \dfrac{1}{2} R^2 \theta$ とするのが簡単で一般的です．

老爺：吾郎君の意見のように，初めは扇形型としていたのですが，円弧 $R\,d\theta$ を二等辺三角形の底辺（直線）とした場合に果たして高さは R としてよいのかを証明する必要があると考えたのです．台形展開型は，この証明も容易であり，他にも利用できます．円を転がすのは実際に分かりやすいと思うのです．この展開法は詳しく述べたつもりです．

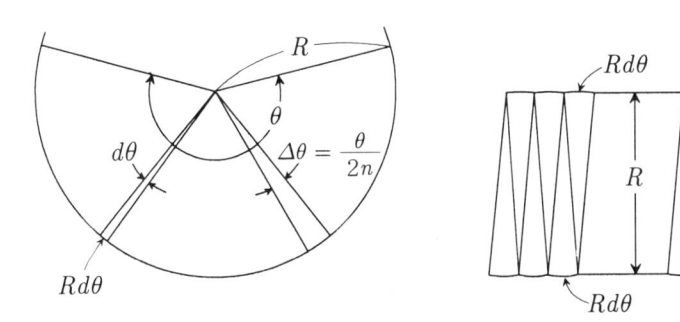

図1D　扇形とその並べ方

　付言しますと，扇形型は図.1Dのように，中心角 θ の扇形を $2n$ 等分した項角 $\Delta\theta$ の微小扇形を上下交互に並べ替えると平行四辺形に近い形になりますので，その後で $\Delta\theta \to 0$ として考える方法もあります．ここでは計算は省略します．

太郎：台形展開法は「円を転がす」のが特徴で，扇形を三角形にするとき二等辺に限定せずに不等辺にもすることができるわけですね．計算する際は殆ど二等辺三角形として取り扱いますが．

吾郎：頂角 $d\theta$ の微小扇形を「二等辺三角形と見做す」という点が展開法では「二等辺三角にする」となるのですね．台形展開型と扇形型の違いがよく分かりました．

●第四話　円の失敗例

吾郎：うまくゆかなかった例を話して下さい．

老爺：図のように，円内の点 P を原点にして扇形に分割すると積分できません．

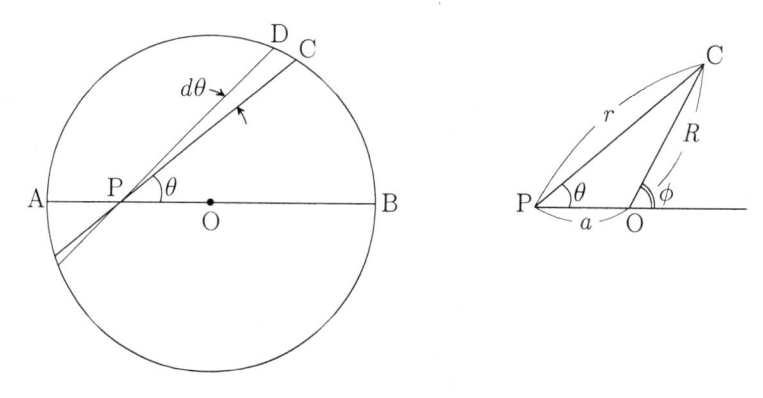

図2D　円の失敗例

$OP = a$, $PC = r$, $OC = R$ とし，微小面積 PCD の面積 dS は

$$dS = \frac{1}{2} r^2 d\theta \quad \cdots (1)$$

で表される．また，

$$R\sin\phi = r\sin\theta \quad \cdots (2)$$

△OPC に餘弦定理を用いると
$$r^2 = a^2 + R^2 + 2aR\cos\phi \qquad \cdots(3)$$
(2)を微分する．ϕ を変化させると r と θ は共に変わるので
$$R\cos\phi d\phi = dr\sin\theta + r\cos d\theta$$
$$d\theta = \frac{1}{r\cos\theta}(R\cos\phi d\phi - dr\sin\theta) \qquad \cdots(4)$$
(3)と(4)を(1)に代入すると，dS は r, θ, ϕ を同時に含むので
$$dS = f(\phi)d\phi, \ dS = g(\theta)d\theta$$
の形にすることは不可能です．すなわち，積分できず，完全に失敗です．

変形扇形型は $a=R$ の特別な場合であり，$\phi = 2\theta$ となり容易に積分できます．

太郎：「微分は積分（復元）しやすいように……」という原則を守っても，うまく計算できない実例ですね．

第三章 球の求積法

前章と同様,微分片に名称をつけ,13通りについて述べる.積分は理解しやすいように小さい微分片の方から順に実行し,多重積分を用いたのは四角柱型と球座標の二つだけである.

1. 等厚円板型

半径 R の球の中心を O とし,図のように座標 (x, y) をとる.xy 平面に垂直で y 軸に平行な平面によって $x, x+dx$ を通るように球を切ると,薄厚の等厚円板ができる.円板の体積を dV とおけば,厚さ dx,半径 $y = R\sin\theta$, $x = R\cos\theta$ → $dx = Rd(\cos\theta)$ であるから

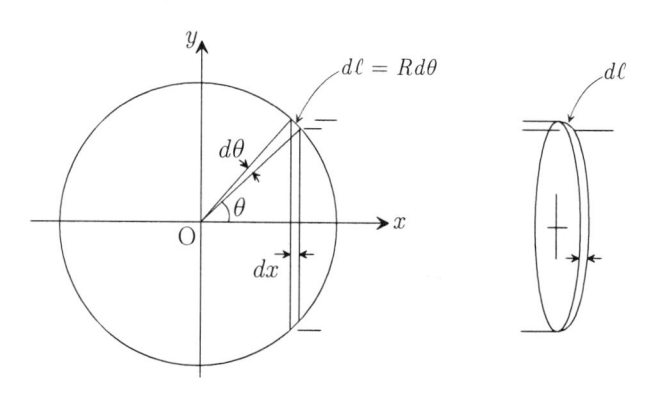

図22 等厚円板型

$$dV = \pi y^2 dx = \pi R^3 \sin^2\theta d(\cos\theta)$$
$$= \pi R^3 (1 - \cos^2\theta) d(\cos\theta) \qquad \cdots (3.1)$$

$x = -R \to R$ に対して $\theta = \pi \to 0$ であるから,積分すると球の体積 V は

$$V = \int dV = \pi R^3 \int_\pi^0 (1-\cos^2\theta)d(\cos\theta)$$
$$= \pi R^3 \left[\cos\theta - \frac{1}{3}\cos\theta\right]_\pi^0 = \underline{\frac{4}{3}\pi R^3}$$

となる.

つぎに,球の表面積を求める.等厚円板の辺縁は幅 dl,長さ $2\pi y$ の細長い帯状の形に展開できるから,表面積を dS とおけば, $dl = R d\theta$ より

$$dS = 2\pi y dl = 2\pi R^2 \sin d\theta \qquad \cdots (3.2)$$

である.積分すると求める表面積 S は

$$S = \int dS = 2\pi R^2 \int_0^\pi \sin\theta d\theta = 2\pi R^2 [-\cos\theta]_0^\pi$$
$$= 2\pi R^2 \times 2 = \underline{4\pi R^2}$$

となる.

別解 [1]

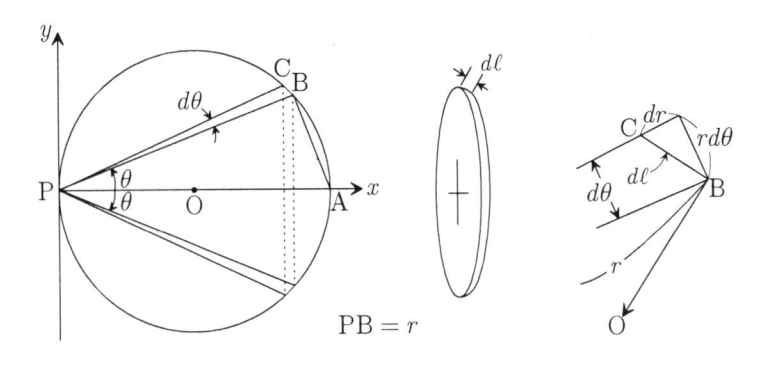

図23 等厚円板型(別解1)

球面上の一点を座標 (x, y) の原点とし，上述の微小円板を考える．△PAB は直角三角形である．直径を $a(= 2R)$ とすれば
$$x = a\cos^2\theta,\ y = a\cos\theta\sin\theta$$
$$dx = -2a\cos\theta\sin\theta d\theta$$
となり，dV は
$$dV = \pi y^2 dx = -2\pi a^3 \cos^3\theta \sin^3\theta d\theta \quad \cdots (3.3)$$
$$= -2\pi a^3 (1 - \sin^2\theta)\sin^3\theta \cos\theta d\theta$$
$$= -2\pi a^3 (1 - \sin^2\theta)\sin^3\theta d(\sin\theta)$$
で表わされる．$x = 0 \to a$ 対して $\theta = \frac{\pi}{2} \to 0$ であるから
$$V = -2\pi a^3 \left[\frac{1}{4}\sin^4\theta - \frac{1}{6}\sin^6\theta\right]_{\frac{\pi}{2}}^{0} = \frac{1}{6}\pi a^3$$
$a = 2R$ を代入すると
$$\underline{V = \frac{4}{3}\pi R^3}$$
が得られる．

また，円板辺縁の幅 dl は図より
$$dl = \sqrt{(rd\theta)^2 + (dr)^2}$$
である．$r = PB$ とおけば，$r = a\cos\theta,\ dr = -a\sin\theta d\theta$ より
$$dl = a\sqrt{\cos^2\theta + \sin^2\theta}\, d\theta = a d\theta$$
よって，微小表面積 dS は
$$dS = 2\pi y dl = 2\pi a^2 \sin\theta \cos\theta d\theta$$
$$= 2\pi a^2 \sin\theta d(\sin\theta) \quad \cdots (3.4)$$
表面積 S は
$$S = \int dS = 2\pi a^2 \left[\frac{1}{2}\sin^2\theta\right]_0^{\frac{\pi}{2}} = \pi a^2 = 4\pi R^2$$
となる．

別解〔2〕

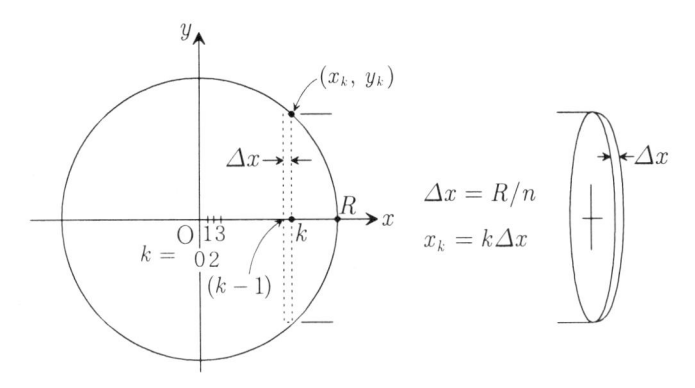

図24 等厚円板型（別解2）

区分求積法を用いて球の体積を計算する．図4を参考にして x 軸の半径 R を n 等分すると $n\Delta x = R$, $x_k = k\Delta x$, $k = 1, 2, 3, \cdots, n$ となる．

厚さ Δx の k 番目の等厚円板の体積 ΔV_k は $x_k^2 + y_k^2 = R^2$ より

$$\Delta V_k = \pi y_k^2 \Delta x = \pi(R^2 - x_k^2)\Delta x = \pi\{R^2 - (k\Delta x)^2\}\Delta x$$
$$= \pi R^3 \left(\frac{1}{n} - \frac{1}{n^3}k^2\right)$$

で表される．半球の体積 V は

$$V = \lim_{n\to\infty}\sum_{k=1}^{n} \Delta V_k = \pi R^3 \lim_{n\to\infty}\left\{\frac{1}{n}\sum_{k=1}^{n}1 - \frac{1}{n^3}\sum_{k=1}^{n}k^2\right\}$$

$$\left[\begin{array}{l} \displaystyle\sum_{k=1}^{n} 1 = 1 + 1 + 1 + \cdots\cdots + 1 = n \\ \displaystyle\sum_{k=1}^{n} k^2 = 1^2 + 2^2 + 3^2 + \cdots\cdots + n^2 = \frac{1}{6}n(n+1)(2n+1) \end{array}\right]$$

$$V = \pi R^3 \lim_{n\to\infty} \left\{ 1 - \frac{1}{6}\left(1 + \frac{1}{n}\right)\left(2 + \frac{1}{n}\right)\right\} = \frac{2}{3}\pi R^3$$

となる．球の体積 V_0 は

$$V_0 = 2V = \underline{\frac{4}{3}\pi R^3}$$

が得られた．

2．球殻型

O を中心とする半径 r, $r+dr$ の二つの球を考える．この二つの球で挟まれた部分は表面積が $S = 4\pi r^2$, 厚さ dr の球殻となる．

この微小体積を dV とすれば

$$dV = S\,dr = 4\pi r^2 dr \qquad \cdots (3,5)$$

で表わされる．$r(=0 \to R)$ で積分すると，球の体積 V は

$$V = \int dV = 4\pi \left[\frac{1}{3}r^3\right]_0^R = \underline{\frac{4}{3}\pi R^3} \qquad \cdots (3.6)$$

が得られる．

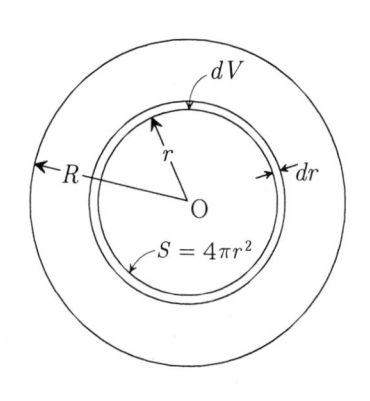

図25　球殻型

註：

（3.5），（3.6）より
$$V = \int S dr, \quad S = \frac{dV}{dr}$$
の関係がある．球の公式 $S = 4\pi r^2$, $V = \frac{4}{3}\pi r^3$ はどちらか一つを記憶しておけばよいことになる．

また，円の場合の円周 $l = 2\pi r$，面積 $S = \pi r^2$ の間も同様に
$$S = \int l dr, \quad l = \frac{dS}{dr}$$
の関係がある．

このことは，球と円に対する微積分の面白さの一つであろう．

3．円筒型

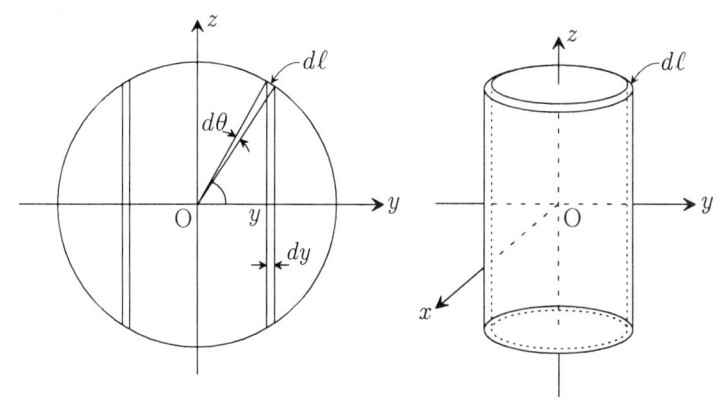

図26　円筒型

図のように，高さ $2z$，内径 y，厚さ dy の中空円筒状に球を分割すると仮定する．この円筒の体積を dV とおけば
$$dV = 2z \times 2\pi y dy \qquad \cdots (3.7)$$

$z = R\sin\theta$, $y = R\cos\theta$ を代入すると

$$dV = 4\pi R^3 \sin\theta\cos\theta\, d(\cos\theta) = -4\pi R^3 \sin^2\theta\cos\theta\, d\theta$$
$$= -4\pi R^3 \sin^2\theta\, d(\sin\theta)$$

$y = 0 \to R$ に対して $\theta = \dfrac{\pi}{2} \to 0$ であるから,積分すると球の体積は

$$V = \int dV = -4\pi R^3 \left[\frac{1}{3}\sin^3\theta\right]_{\frac{\pi}{2}}^{0} = \underline{\frac{4}{3}\pi R^3}$$

となる.

つぎに,この円筒の上下両面の表面積を dS とおけば,幅 dl は $dl = R\, d\theta$ であるから

$$dS = 2 \times 2\pi y\, dl = 4\pi R^2 \cos\theta\, d\theta$$
$$= 4\pi R^2 d(\sin\theta) \qquad \cdots (3.8)$$

となる.求める表面積 S は

$$S = \int dS = 4\pi R^2 \left[\sin\theta\right]_{0}^{\frac{\pi}{2}} = \underline{4\pi R^2}$$

である.

4. 施盤切削片型

　半径 R の球を施盤に取り付けて切削してゆくとする.球はそのままでは施盤に取り付けられないので,少し工夫をする.例えば,丸棒の先端を予め半径 R の凹面に削っておき,この凹面に球を接着しておいて丸棒をチャックで固定し取り付ける.

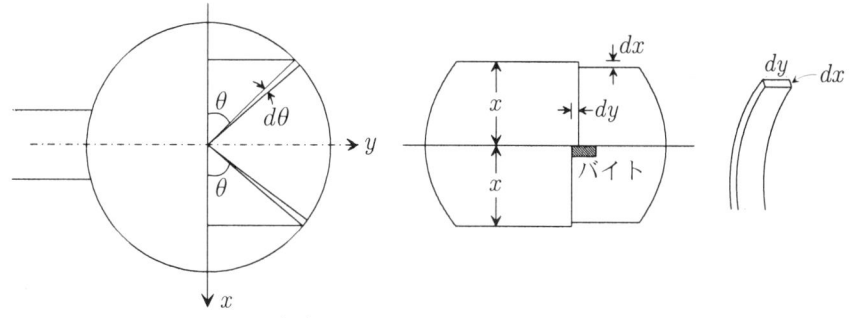

図27　施盤切削片型（上から見た図）

　施盤は主回転軸中心線（y軸）を通る水平面（xy平面）内でバイトを移動させて切削やネジ切りが行われる．ネジ切りと同様に球を切削してゆく．バイトは主回転と連動させて右方向（$+y$）から左方向（$-y$）に自動的に移動させる．主軸の一回転に対してネジ幅はピッチ（ネジの一回転当たりに進む距離）分だけ移動する．ピッチをΔyとする．ネジ切りと異なるのは平剣バイトを用いる点である．

　バイト先端を($y=0, x=R$)点に合わせた後にΔxだけ移動させ，$x=R-\Delta x$として右から左へ自動回転で第1回目の切削を始める．切削が終わると$y=0$の点に戻し，$x=R-2\Delta x$として同様に第2回目の切削を行う．この作業を$x=0$ ($R=n\Delta x$)となるまで続けるものとする

　一回転の切削片は，厚さΔx，幅Δy，長さ$l=\sqrt{(2\pi x)^2+(\Delta x)^2}$の帯状となる．$n$を十分大きくすると，
$$\Delta x \to dx,\ \Delta y \to dy,\ l=2\pi x$$
とおけるから，一回転の切削片の体積dvは

$$dv = 2\pi x\, dx\, dy \qquad \cdots (3.9)$$

となる．一回の切削による切屑の体積 dV は

$$dV = \int dv = 2\pi x dx \int_y^{-y} dy = -4\pi y x\, dx \qquad \cdots (3.10)$$

$x = R\cos\theta,\ y = R\sin\theta,\ dx = -R\sin\theta d\theta$ を代入すると

$$dV = 4\pi R^3 \sin^2\theta \cos\theta d\theta = 4\pi R^3 \sin^2\theta d(\sin\theta)$$

$\theta = 0 \to \dfrac{\pi}{2}$ であるから，球の体積 V は

$$V = 4\pi R^3 \left[\frac{1}{3}\sin^3\theta\right]_0^{\frac{\pi}{2}} = \underline{\frac{4}{3}\pi R^3}$$

となる．

5．円錐帽子型（１）

球心を O, xy 平面の角を $\theta = \angle x\mathrm{OA}$, $\theta + d\theta = \angle x\mathrm{OB}$ とする．直線 OA と OB とを x 軸の回りに一回転させて球を切ると，図のような円錐帽子形の立体ができる．さらに，中心 O から r と $r + dr$ の距離でこの立体を分割すると，半径 $r\sin\theta$, 幅 $rd\theta$, 厚さ dr の円形リング状の微小立体ができる．

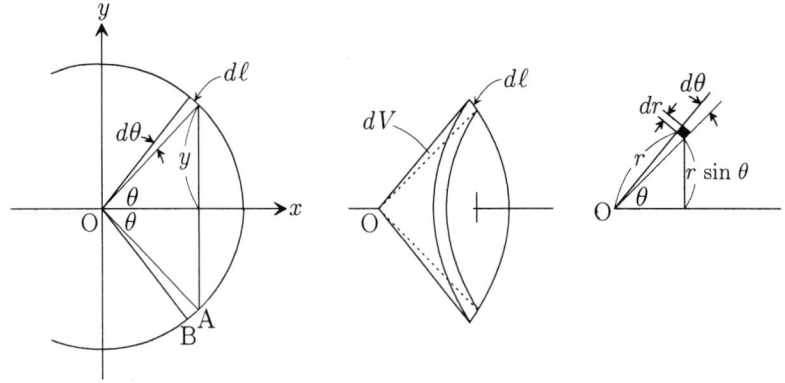

図 28　円錐帽子型（１）

この体積を dv ,円錐帽子の体質を dV とおけば

$$dv = 2\pi r \sin\theta (r d\theta) dr \quad \cdots (3.11)$$

$$dV = 2\pi \sin\theta d\theta \int_0^R r^2 dr = 2\pi \sin\theta d\theta \left[\frac{1}{3} r^3\right]_0^R$$
$$= \frac{2}{3}\pi R^3 \sin\theta d\theta \quad \cdots (3.12)$$

$\theta = 0 \to \pi$ として積分すると,球の体積 V は

$$V = \int dV = \frac{2}{3}\pi R^3 \int_0^\pi \sin\theta d\theta = \frac{2}{3}\pi R^3 [-\cos\theta]_0^\pi$$
$$= \underline{\frac{4}{3}\pi R^3}$$

が得られる.

円錐帽子の表面積 dS は,半径 $y = R\sin\theta$,幅 $dl = Rd\theta$ であるから

$$dS = 2\pi y dl = 2\pi R^2 \sin\theta d\theta \quad \cdots (3.13)$$

求める表面積 S は

$$S = \int dS = 2\pi R^2 \int_0^\pi \sin d\theta = 2\pi R^2 [-\cos\theta]_0^\pi$$
$$= \underline{4\pi R^2}$$

となる.

6.円錐帽子型(2)

球面上の一点を P とし,$\theta = \angle x\text{PA}$,$\theta + d\theta = \angle x\text{PB}$ として前節と同様に球を切断すると円錐帽子型の立体ができる.さらに,P からの距離 r と $r + dr$ の点で x 軸に垂直な平面で輪切りにするとリング状立体となる.この体積を dv ,円錐帽子の体積を dV とおく.

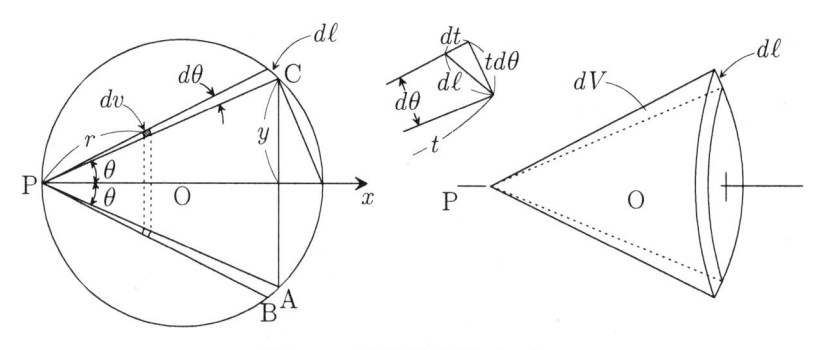

図29 円錐帽子型（II）

球の直径を $a(=2R)$ とおけば $r=0 \to a\cos\theta$ であるから
$$dv = 2\pi r \sin\theta (r d\theta) dr = 2\pi \sin\theta d\theta r^2 dr \qquad \cdots (3.14)$$

$$dV = \int dv = 2\pi \sin\theta d\theta \int_0^{a\cos\theta} r^2 dr$$
$$= 2\pi \sin\theta d\theta \left[\frac{1}{3} r^3\right]_0^{a\cos\theta}$$
$$= \frac{2}{3} \pi a^3 \cos^3\theta \sin\theta d\theta \qquad \cdots (3.15)$$

よって，球の体積 V は

$$V = \int dV = \frac{2}{3}\pi a^3 \left[-\frac{1}{4}\cos^4\theta\right]_0^{\frac{\pi}{2}} = \frac{1}{6}\pi a^3$$
$$= \underline{\frac{4}{3}\pi R^3}$$

となる．

　つぎに，表面積 S を求める．円錐帽子の表面は半径 $y(=a\cos\theta\sin\theta)$ 幅 dl の円形リング状になっている．$PC = t = a\cos\theta$ とおけば $dt = -a\sin\theta d\theta$ となり，図より
$$dl = \sqrt{(td\theta)^2 + (dt)^2} = a\sqrt{\cos^2\theta + \sin^2\theta}\, d\theta = a d\theta$$
よって，円錐帽子の表面積 dS は

$$dS = 2\pi y\, dl = 2\pi a^2 \cos\theta \sin\theta\, d\theta \qquad \cdots (3.16)$$
$$= 2\pi a^2 \sin\theta\, d(\sin\theta)$$

積分すると

$$S = \int dS = 2\pi a^2 \left[\frac{1}{2}\sin^2\theta\right]_0^{\frac{\pi}{2}} = \pi a^2 = \underline{\underline{4\pi R^2}}$$

が得られる.

7. 球面鏡型

球面上の点 P を座標原点にとる. P を中心とする半径 $r(\angle \mathrm{APB}=\theta)$ と $r+dr(\angle \mathrm{APB'}=\theta+d\theta)$ の二つの球面によって球を切断すると, 半径 r, 厚さ dr の球面鏡ができる. 初めに, この球面鏡の表面積 S_θ を計算する.

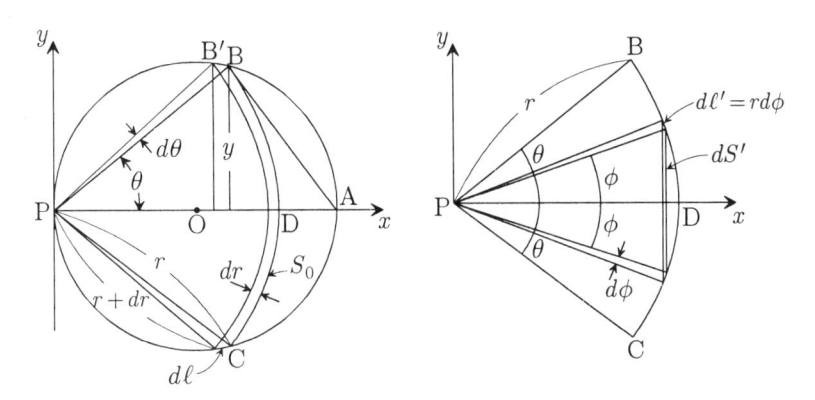

図30 球面鏡型

球面鏡の表面を図のように, ϕ と $\phi+d\phi$ によって再切断すると, 半径 $y=r\sin\phi$, 幅 $dl'=rd\phi$ の円形リンク状となる. この表面積を dS' とおくと,

$$dS' = 2\pi y\, dl' = 2\pi r^2 \sin\phi\, d\phi \qquad \cdots (3.17)$$

$\phi = 0 \to \theta$ として積分すると,

$$S_\theta = \int dS' = 2\pi r^2 \left[-\cos\phi\right]_0^\theta = 2\pi r^2(1-\cos\theta) \quad \cdots (3.18)$$

が得られる．よって球面鏡の体積 dV は

$$dV = S_\theta dr = 2\pi(1-\cos\theta)r^2 dr \quad \cdots (3.19)$$

ここで，△PBA は直角三角形であるから，$r = 2R\cos\theta$ を上式に代入すると

$$dV = 16\pi R^3(\cos^2\theta - \cos^3\theta)d(\cos\theta)$$

$r = 0 \to 2R$ に対応して $\theta = \frac{\pi}{2} \to 0$ であるから，球の体積 V は

$$V = \int dV = 16\pi R^3 \left[\frac{1}{3}\cos^3\theta - \frac{1}{4}\cos^4\theta\right]_{\frac{\pi}{2}}^0 = \underline{\frac{4}{3}\pi R^3}$$

となる．

つぎに，球面 BDC と幅 dl とで決まるリングの表面積 dS を考える．
$(dl)^2 = (rd\theta)^2 + (dr)^2$ の式に $r = 2R\cos\theta$ を代入すると $dl = 2Rd\theta$ となり，$y = 2R\cos\theta\sin\theta$ であるから

$$\begin{aligned}dS &= 2\pi y\,dl = 8\pi R^2 \cos\theta\sin\theta\,d\theta \\ &= 8\pi R^2 \sin\theta\,d(\sin\theta) \quad \cdots (3.20)\end{aligned}$$

となる．球の表面積 S は

$$S = \int dS = 8\pi R^2 \left[\frac{1}{2}\sin^2\theta\right]_0^{\frac{\pi}{2}} = \underline{4\pi R^2}$$

が得られる．

また，(3.18) の S_θ は球の中心において張る頂角 θ の円錐で区切られた球の表面積であるから，この式に

$r = R$, $\theta = \pi$ を代入すると
$$S = 2\pi R^2(1-\cos\pi) = \underline{4\pi R^2}$$
が求まる．

8．水瓜片型

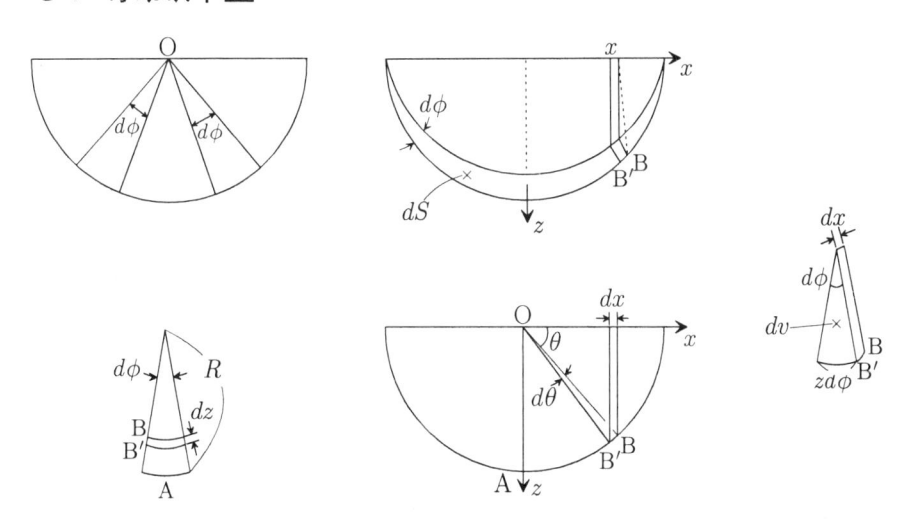

図31　水瓜片型

　球を真二つに割り，水瓜を切るように頂角 $d\phi$ で分割してゆく．さらに，その一片を厚さ dx で切ると図の右端のような水瓜片ができる．この側面は高さ z，底辺 $zd\phi$ の扇形をなすから，$x^2+z^2=R^2$ の式を用いると，この微小体積 dv は

$$dv = \frac{1}{2}z^2 d\phi dx = \frac{1}{2}d\phi(R^2-x^2)dx \quad \cdots (3.21)$$

となる．頂角 $d\phi$ の切片の体積を dV とおけば

$$dV = \int dv = \frac{1}{2} d\phi \left[R^2 x - \frac{1}{3} x^3 \right]_{-R}^{R} = \frac{2}{3} R^3 d\phi \quad \cdots (3.22)$$

よって，$\phi(=0 \to 2\pi)$で積分すると球の体積 V は

$$V = \int dV = \frac{2}{3} R^3 [\phi]_0^{2\pi} = \underline{\frac{4}{3} \pi R^3}$$

が得られる．

水瓜片の表面積を ds とおけば，幅 $zd\phi$，奥行 $\overset{\frown}{B'B} = Rd\theta$ の長方形としてよいから，$z = R\sin\theta$ より

$$ds = Rzd\phi d\theta = R^2 d\phi \sin\theta d\theta \quad \cdots (3.23)$$

頂角 $d\phi$ の切片の表面積 dS は

$$dS = \int ds = R^2 d\phi [-\cos\theta]_0^{\pi} = 2R^2 d\phi \quad \cdots (3.24)$$

求める表面積 S は

$$S = \int dS = 2R^2 [\phi]_0^{2\pi} = \underline{4\pi R^2}$$

となる．

9．不等厚円板型（Ⅰ）

球面上に点 P をとり，直角座標 (X, Y, Z) の原点とする．P を通り XZ 平面に対して傾斜角が θ と $\theta + d\theta$ の二つの平面で球を切断すると，図のような不等厚の円板ができる．θ 平面の切り口円 O' の半径を r とおけば，$r = R\cos\theta$ である．

円 O' の円周上の点 Q の座標を (x, y) とし，x および $x + dx$ の 2 点において θ 平面に垂直で y 軸に平行な平面に

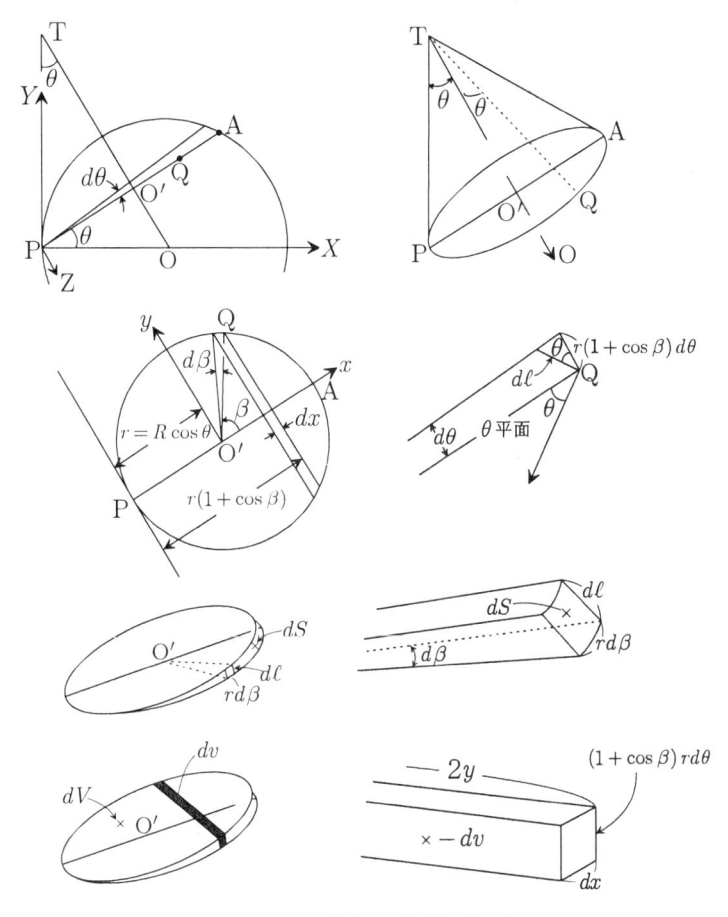

図32　不等厚円板型（Ⅰ）

よって不等厚板をさらに切断すると，長さ $2y$，幅 dx，厚さ $(1+\cos\beta)rd\theta$ の細長い微小四角柱ができる．この体積を dv とおけば

$$dv = 2y\,dx(1+\cos\beta)r\,d\theta \qquad \cdots (2.25)$$

で表される．$y = r\sin\beta$, $x = r(1+\cos\beta)$ より $dx = -r\sin\beta\,d\beta$ であるから

$$dv = -2r^3 d\theta (1+\cos\beta)\sin^2\beta\, d\beta$$

$\beta\,(=\pi \to 0)$ で積分すると,不等厚板の体積 dV は

$$\int_\pi^0 f(\theta)d\theta = -\int_0^\pi f(\theta)d\theta$$

であるから

$$dV = \int dv = 2r^3 d\theta \int_0^\pi (1+\cos\beta)\sin^2\beta\, d\beta$$

$$\left[\begin{array}{l}\displaystyle\int_0^\pi \sin^2\beta\, d\beta = \frac{1}{2}\int_0^\pi (1-\cos 2\beta)d\beta = \frac{1}{2}\left[\beta - \frac{1}{2}\sin 2\beta\right]_0^\pi = \frac{\pi}{2} \\ \displaystyle\int_0^\pi \sin^2\beta\cos\beta\, d\beta = \int_0^\pi \sin^2\beta\, d(\sin\beta) = \frac{1}{3}\left[\sin^3\beta\right]_0^\pi = 0\end{array}\right]$$

$$dV = \pi r^3 d\theta \qquad \cdots (3.26)$$

$r = R\cos\theta$ を代入し,$\theta\left(=0 \to \dfrac{\pi}{2}\right)$ で積分すると,上部半球の体積 V は

$$V = \int dV = \pi R^3 \int_0^{\frac{\pi}{2}} \cos^3\theta\, d\theta = \pi R^3 \int_0^{\frac{\pi}{2}} (1-\sin^2\theta)d(\sin\theta)$$
$$= \pi R^3 \left[\sin\theta - \frac{1}{3}\sin^3\theta\right]_0^{\frac{\pi}{2}} = \frac{2}{3}\pi R^3$$

よって,球の体積 V_0 は

$$V_0 = 2V = \underline{\frac{4}{3}\pi R^3}$$

となる.

つぎに,球の表面積を計算する.

点 A で円 O の接平面を画き,直線 OO′ の延長線との交点を T とする.T と円 O′ の円周上の各点を直線で結んでゆくと頂角 θ の円錐形ができる.$\theta = \angle\mathrm{ATO'} = \angle\mathrm{QTO'}$ で

ある．また，Qにおける円Oの接線dlは直線TQ上にある．θ平面とdlとなす角は$(\pi/2-\theta)$となり，θを固定した状態ではQ(x,y)の位置に関係なく一定となる．

微小四角柱の辺縁両側の長方形の面積をdsとおけば，幅$rd\beta$，長さ$dl=r(1+\cos\beta)d\beta\ {}^{d\theta}\!/\!_{\cos\theta}$であるから

$$ds = 2rd\beta dl = 2r^2 \frac{d\theta}{\cos\theta}(1+\cos\beta)d\beta \quad \cdots(3.27)$$

となる．$\beta(=0\to\pi)$で積分すると，不等厚円板辺縁の表面積dSは

$$dS = \int ds = 2r^2 \frac{d\theta}{\cos\theta}\int_0^\pi (1+\cos\beta)d\beta$$
$$= 2r^2 \frac{d\theta}{\cos\theta}[\beta+\sin\beta]_0^\pi = 2\pi r^2 \frac{d\theta}{\cos\theta} \quad \cdots(3.28)$$

ここで，$r = R\cos\theta$を代入すると

$$dS = 2\pi R^2 \cos\theta d\theta$$

となる．半球の表面積S_0は

$$S = \int dS = 2\pi R^2 \int_0^{\frac{\pi}{2}} \cos\theta d\theta = 2\pi R[\sin\theta]_0^{\frac{\pi}{2}}$$
$$= 2\pi R^2$$

よって，球の表面積S_0は

$$S_0 = 2S = \underline{4\pi R^2}$$

となる．

10．不等厚円板（II）

ここでの計算は前節よりも複雑になる．球の外側に点P(OP$=a>R$)を取り，同様にXZ平面に対して傾斜角θと

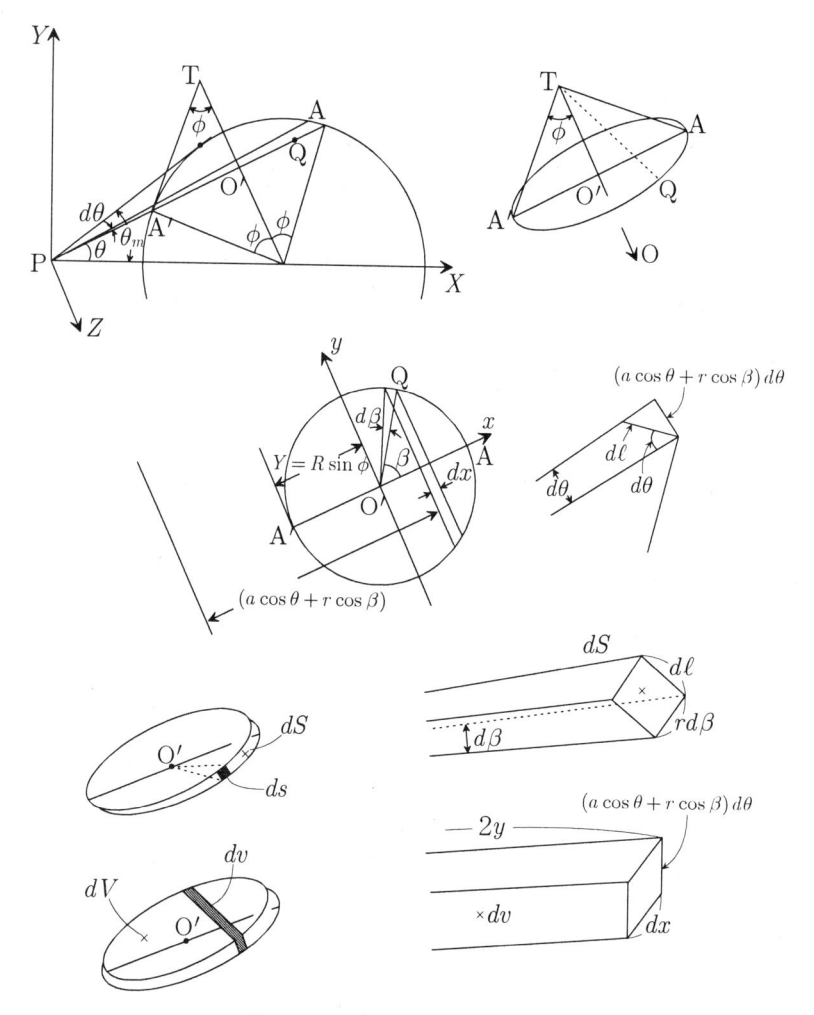

図 33　不等厚円板型 (II)

　$\theta + d\theta$ の二つの平面で球を切断すると，図のような不等厚円板ができる．切口円 O' の半径は $r = R\cos\phi$ である．

　この不等厚円板を x と $x + dx$ の二点をそれぞれ通る平面でさらに切断すると細長い四角柱状の微小立体ができる．

この体積を dv とおけば,幅が dx,厚さが $(a\cos\theta+r\cos\beta)d\theta$ であるから

$$dv = 2ydx(a\cos\theta + r\cos\beta)d\theta \quad \cdots (3.29)$$

となる. $y = r\sin\beta,\ x = a\cos\theta + r\cos\beta$ より $dx = -r\sin\beta d\beta$ を代入すると

$$dv = -2r^2 d\theta(a\cos\theta + r\cos\beta)\sin^2\beta d\beta$$

$\beta(=\pi \to 0)$ で積分すると,不等厚円板の体積 dV が求まる.

$$\left[\int_0^\pi \sin\beta d\beta = \frac{\pi}{2},\quad \int_0^\pi \cos\beta\sin^2\beta d\beta = 0\right]$$

$$dV = \int dv = \pi a r^2 \cos\theta d\theta$$

$r = R\cos\phi$ を代入すると

$$dV = \pi a R^2 \cos^2\phi \cos\theta d\theta \quad \cdots (3.30)$$

となる. 図より $a\sin\theta = R\sin\phi$ の関係式が得られ, $a\cos\theta d\theta = R\cos\phi d\phi$ である. θ を ϕ に変換すると

$$dV = \pi R^3 \cos^3\phi d\phi$$

となる. $\theta = 0 \to \theta_m$ に対応して $\phi = 0 \to \frac{\pi}{2}$ であるから,積分すると半球の体積 V は

$$V = \int dV = \pi R^3 \int_0^{\frac{\pi}{2}} \cos^3\phi d\phi = \pi R^3 \int_0^{\frac{\pi}{2}} (1-\sin^2\phi)d(\sin\phi)$$
$$= \pi R^3 \left[\sin\phi - \frac{1}{3}\sin^3\phi\right]_0^{\frac{\pi}{2}} = \frac{2}{3}\pi R^3$$

球の体積 V_0 は

$$V_0 = 2V = \underline{\frac{4}{3}\pi R^3}$$

が得られる.

つぎに，表面積を計算する．

微小四角柱の辺縁部は底辺 $rd\beta$，長さ $dl = (a\cos\theta + r\cos\beta)\,d\theta/\cos\phi$ の長方形と見なしてよい．両面の表面積を ds とおけば，

$$ds = 2rd\beta dl = 2r\frac{d\theta}{\cos\phi}(a\cos\theta + r\cos\beta)d\beta \quad \cdots (3.31)$$

$\beta(=0 \to \pi)$ で積分すると不等厚円板の表面積 dS は

$$dS = \int ds = 2r\frac{d\theta}{\cos\phi}[a\cos\theta \times \beta + r\sin\beta]_0^\pi$$
$$= 2\pi r\frac{a\cos\theta d\theta}{\cos\phi} \quad \cdots (3.32)$$

$r = R\cos\phi$, $a\sin\theta = R\sin\phi$ より $a\cos\theta d\theta = R\cos\phi d\phi$ を代入すると θ が消去されて

$$dS = 2\pi R^2 \cos\phi d\phi$$

半球の表面積 S は

$$S = \int dS = 2\pi R^2 [\sin\phi]_0^{\frac{\pi}{2}} = 2\pi R^2$$

球の表面積 S_0 は

$$S_0 = 2S = \underline{4\pi R^2}$$

となる．

11. 四角柱型

半径 R の球の方程式は

$$x^2 + y^2 + z^2 = R^2$$

で表される．

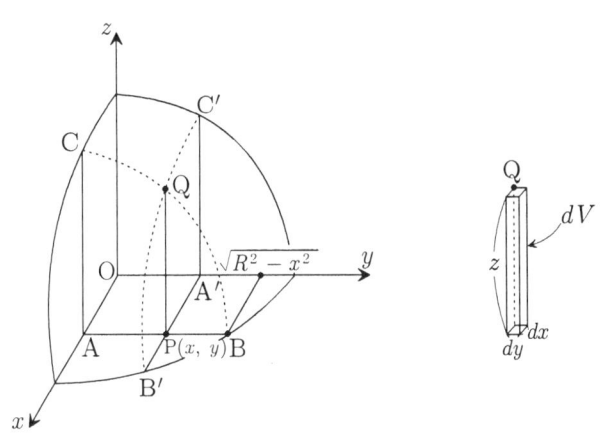

図 3.4　四角柱型

xy 平面上に点 P(x, y) をとり，P と $(x+dx, y)$ 点を別々に通り yz 平面に平行な平面によって球を切断する．つぎに，P と $(x, y+dy)$ 点をそれぞれ通って xz 平面に平行な平面で切断すると，高さ z, 幅 dy, 厚さ dx の四角柱ができる．この微小体積を dV とおけば

$$dV = z\,dy\,dx \qquad \cdots (3.33)$$

である．積分の順序は x, y のいずれを先に実行しても結果は同じとなるが，ここでは y から始めるものとする．x と $x+dx$ を固定しておいて，APBQC 面に沿って A 点 $(y=0)$ から B 点 $(y=\sqrt{R^2-x^2})$ まで積分し，つぎに $x(=0 \to R)$ で積分する．

$$V = \int_0^R \left\{ \int_0^{\sqrt{R^2-x^2}} \sqrt{(R^2-x^2)-y^2}\,dy \right\} dx \qquad \cdots (3.34)$$

積分公式を用いる．

$$\int \sqrt{a^2-t^2}\,dt = \frac{t}{2}\sqrt{a^2-t^2} + \frac{a^2}{2}\sin^{-1}\left(\frac{t}{a}\right),\ \ a>0$$

$a^2 = R^2 - x^2,\ t = y$ とおけば

$$V = \int_0^R \left[\frac{y}{2}\sqrt{(R^2-x^2)-y^2} \right.$$
$$\left. + \frac{(R^2-x^2)}{2}\sin^{-1}\left(\frac{y}{\sqrt{R^2-x^2}}\right) \right]_0^{\sqrt{R^2-x^2}} dx$$

第 1 項は 0，$\sin^{-1} 1 = \frac{\pi}{2}$，$\sin^{-1} 0 = 0$ であるから

$$V = \int_0^R \left\{ \frac{\pi}{4}(R^2-x^2) \right\} dx$$

ここで，$\left\{\frac{\pi}{4}(R^2-x^2)\right\}$ は平面 APBQC の面積である．

$$V = \frac{\pi}{4}\left[R^2 x - \frac{1}{3}x^3 \right]_0^R = \frac{1}{6}\pi R^3$$

図から，球の体積 V_0 は $8V$ であるから

$$V_0 = 8V = \underline{\frac{4}{3}\pi R^3}$$

が得られた．

（注）

1）x で先に積分するときは，始めに A′ 点 $(x=0)$ から B′ 点 $(x=\sqrt{R^2-y^2})$ まで平面 A′PB′QC′ に沿って積分する．

2）四画柱型の計算法によって楕円体 $\frac{x^2}{a^2} + \frac{y^2}{b^2} + \frac{z^2}{c^2} = 1$ の体積 $\frac{4}{3}\pi abc$ は容易に求められる．

12. 球座標

　直交座標の原点 O を中心とする半径 r の球の表面に点 P(x, y, z) をとる．OZP 平面が XY 平面と交わる点を A，P から z 軸および XY 平面に下ろした垂線の足をそれぞれ Q と B とする．
OP $= r$, $\angle$ZOP $= \theta$, $\angle$XOA $= \phi$ とおけば，点 P は球座標 P(r, θ, ϕ) で表される．図から明らかなように，

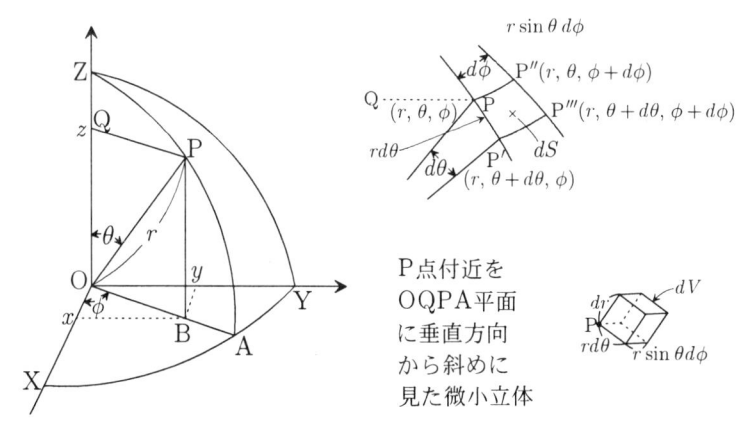

図35　球座標

$$x = r\sin\theta\cos\phi,\ y = r\sin\theta\sin\phi,\ z = r\cos\theta \cdots (3.35)$$

で表わされる．

　そこで，r, θ, ϕ を微小量だけ増加させると，図の右下のような直方体ができる．この微小立体の体積と表面積をそれぞれ dV, dS とすれば，

$$\left.\begin{array}{l} dV = r^2\sin\theta\, dr\, d\theta\, d\phi \\ dS = r^2\sin\theta\, d\theta\, d\phi \end{array}\right\} \cdots (3.36)$$

となる．
$$\phi = 0 \to 2\pi,\ \theta = 0 \to \pi,\ r = 0 \to R$$
として dV を多重積分すると，
$$V = \int_0^R \int_0^\pi \int_0^{2\pi} r^2 \sin\theta\, dr\, d\theta\, d\phi = 2\pi \int_0^R \int_0^\pi \sin\theta\, d\theta\, r^2 dr$$
$$= 2\pi \int_0^R [-\cos\theta]_0^\pi r^2 dr = 4\pi \int_0^R r^2 dr = 4\pi \left[\frac{1}{3}r^3\right]_0^R$$
$$= \underline{\frac{4}{3}\pi R^3}$$
が得られる．

(3.36) 式において $r = R$ として，θ と ϕ で dS を積分すると，球の表面積が求められる．
$$S = R^2 \int_0^\pi \int_0^{2\pi} \sin\theta\, d\theta\, d\phi = R^2 \int_0^\pi [\phi]_0^{2\pi} \sin\theta\, d\theta$$
$$= 2\pi R^2 \int_0^\pi \sin\theta\, d\theta = 2\pi R^2 [-\cos\theta]_0^\pi = \underline{4\pi R^2}$$
となる．

（注）

P$(r,\ \theta,\ \phi)$ と $P = (r,\ \theta + d\theta,\ \phi)$ を z 軸の周りに一回転 ($\phi = 0 \to 2\pi$) させて，高さ z に注目すれば円筒型，扇形 OPP$'$ に注目すれば円錐帽子形，z 軸方向から見ると等厚円板型となる．また，平面 OQPA を $\phi = \phi$ から $\phi + d\phi$ まで移動させてできる微小立体の形は水爪片型となる．このように，球座標は面白い性質がある．

13. 変形円筒型

球を分解するとその形状が図36のような変形円筒になるような方法を考える．薄厚（$=a$）の幅 $2R$ の長い紙（またはサランラップ，アルミホイルなど）をぐるぐる巻いて円筒ロールを作り，これを削って半径 R の球にすると，目的のものが出来上がる．

$$\rho = a\theta/2\pi$$

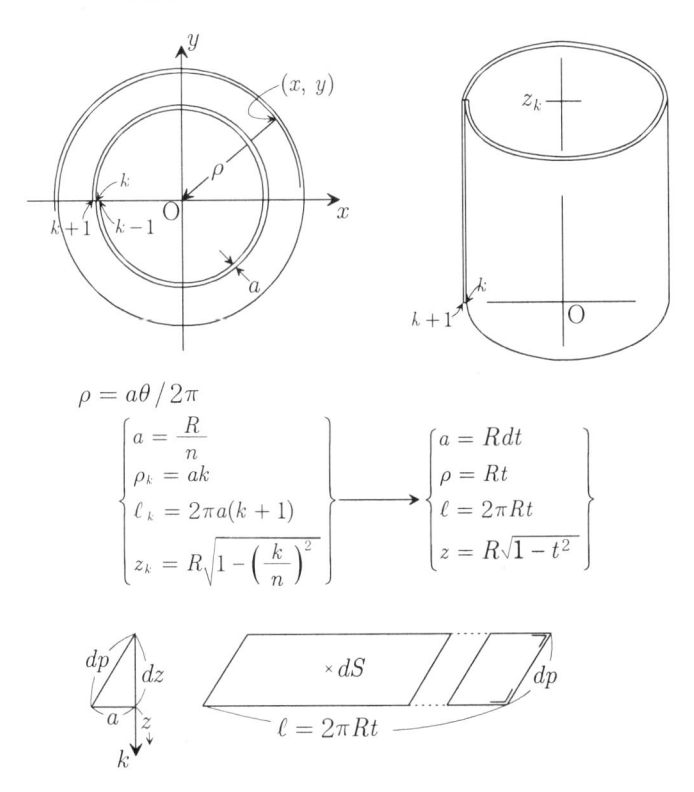

$$\begin{cases} a = \dfrac{R}{n} \\ \rho_k = ak \\ \ell_k = 2\pi a(k+1) \\ z_k = R\sqrt{1-\left(\dfrac{k}{n}\right)^2} \end{cases} \longrightarrow \begin{cases} a = Rdt \\ \rho = Rt \\ \ell = 2\pi Rt \\ z = R\sqrt{1-t^2} \end{cases}$$

図36　変形円筒型

ロールの軸方向を z 軸に取り，球の中心 O を座標原点とする．xy 平面ではロールの極半径 ρ は第二章8（図21）

のディスク溝型と同様に $\rho = a\theta / 2\pi$ となる．この球を z 軸を回転軸にして外側から紙をはぎ取って行き，1回転分を取り出すと変形円筒が得られる．

　xy平面上の2点 k-1 と k, k と $k+1$ を通るそれぞれの経路の長さを l_k, l_{k+1} とすれば

$$\left. \begin{aligned} l_k &= \int_{2\pi(k-1)}^{2\pi k} \rho d\theta = \frac{a}{2\pi}\left[\frac{1}{2}\theta^2\right]_{2\pi(k-1)}^{2\pi k} = 2\pi a\left(k - \frac{1}{2}\right) \\ l_{k+1} &= \int_{2\pi k}^{2\pi(k+1)} \rho d\theta = \frac{a}{2\pi}\left[\frac{1}{2}\theta^2\right]_{2\pi k}^{2\pi(k+1)} = 2\pi a\left(k + \frac{1}{2}\right) \end{aligned} \right\}$$

$$\cdots (3.37)$$

　変形円筒を平面に展ばすと，底面は上辺$= l_k$，下辺$= l_{k+1}$，幅 a の細長い台形となる．
底面積を ΔS_k とおけば

$$\Delta S_k = \frac{1}{2}(l_k + l_{k+1})a = 2\pi a^2 k \qquad \cdots (3.38)$$

点 k の高さ z_k は $z_k^2 = R^2 - \rho_k^2 = R^2 - a^2 k^2$, $a = R/n$ より

$$z_k = \sqrt{R^2 - \rho_k^2} = R\sqrt{1 - \left(\frac{k}{n}\right)^2} \qquad \cdots (3.39)$$

円筒の高さは一周の経路のどこでも z_k に等しいとすれば，変形円筒の体積 ΔV_k は

$$\Delta V_k = \Delta S_k \times z_k = 2\pi a^2 k R\sqrt{1-\left(\frac{k}{n}\right)^2} = 2\pi R^3 \frac{1}{n}\frac{k}{n}\sqrt{1-\left(\frac{k}{n}\right)^2}$$

　ここで，$\frac{1}{n} = \Delta t$, $\frac{k}{n} = t$ とおけば

$$\Delta V_k = 2\pi R^3 t\sqrt{1-t^2}\,\Delta t$$

$n \to \infty$ のとき，$\Delta t \to dt$, $\Delta V_k \to dV$ と書けるから，一般化された式は

$$dV = 2\pi R^3 t\sqrt{1-t^2}\,dt \qquad \cdots (3.40)$$

となる．不定積分を I とすれば

$$I = \int t\sqrt{1-t^2}\,dt$$

そこで，$t = \sin\phi$ と置換えすると

$$I = \int \sin\phi \cos^2\phi\,d\phi = -\int \cos^2\phi\,d(\cos\phi) = -\frac{1}{3}\cos^3\phi$$

となる．積分範囲は $t = 0 \to 1$ に対して $\phi = 0 \to \dfrac{\pi}{2}$ であるから，$z > 0$ 部分の半球の体積 V は

$$V = \int dV = 2\pi R^3 \left[-\frac{1}{3}\cos^3\phi\right]_0^{\frac{\pi}{2}} = \frac{2}{3}\pi R^3$$

よって，球の体積 V_0 は

$$V_0 = 2V = \underline{\frac{4}{3}\pi R^3}$$

が得られた．

つぎに，表面積を計算する．

(3.39) から高さ z_k を一般化して z と書けば

$$z = R\sqrt{1-t^2}$$

となる．微分すると

$$dz = -R\frac{t}{\sqrt{1-t^2}}\,dt \qquad \cdots (3.41)$$

極半径方向の円筒表面の幅を dp とおけば，$a = R/n = R\,dt$ として

$$dp = R\sqrt{a^2 + (dz)^2} = R\frac{1}{\sqrt{1-t^2}}\,dt \qquad \cdots (3.42)$$

また，一般化された一周の長さ l は (3.37) より

$$l = 2\pi R t \qquad \cdots (3.43)$$

よって，変形円筒の微小表面積 dS は

$$dS = l\,dp = 2\pi R^2 \frac{t}{\sqrt{1-t^2}}\,dt \qquad \cdots (3,44)$$

ここで，$t = \sin\phi$ とおけば
$\sqrt{1-t^2} = \cos\phi$ より

$$-\frac{1}{\sqrt{1-t^2}}\,dt = d(\cos\phi)$$

上式を (3.44) に代入すると

$$dS = -2\pi R^2 d(\cos\phi)$$

で表わされる．積分範囲は $t = 0 \to 1$ に対して $\phi = 0 \to \dfrac{\pi}{2}$ であるから，$z>0$ の半球の表面積 S は

$$S = \int dS = -2\pi R^2 \left[\cos\theta\right]_0^{\frac{\pi}{2}} = 2\pi R^2$$

となる．求める球の表面積 S_0 は

$$S_0 = 2S = \underline{4\pi R^2}$$

が得られる．

（注）

この球を xy 平面に平行に厚さ dz で切ると，切り口はディスク溝型（第二章 8）をした円板となる．半径 ρ は $\rho_k = ka = R\,k\!/\!n$，厚さ dz は (3.41) よりそぞれ

$$\begin{cases} \rho = Rt \\ dz = -R\dfrac{1}{\sqrt{1-t^2}}\,dt \end{cases} \qquad \cdots (1)$$

とおける．よって，円板の微小体積 dV は

$$dV = \pi\rho^2 dz = -\pi R^3 \frac{t^3}{\sqrt{1-t^2}} dt \qquad \cdots (2)$$

ここで，$t = \sin\phi$ とおくと

$$dV = -\pi R^3 \sin^3\phi d\phi = \pi R^3 (1-\cos^2\phi)d(\cos\phi)$$

積分範囲は $z = 0 \to R$ に対して $t = 1 \to 0$, $\phi = \frac{\pi}{2} \to 0$ であるから，$z > 0$ の半球の体積 V は

$$V = \int dV = \pi R^3 \left[\cos\phi - \frac{1}{3}\cos^3\phi\right]_{\frac{\pi}{2}}^{0} = \frac{2}{3}\pi R^3$$

よって，求める体積 V_0 は

$$V_0 = 2V = \underline{\frac{4}{3}\pi R^3}$$

となる．

上式計算は，半径 ρ，厚さ dz 共に微分の数式と同じものを用いて行なった．したがって，「ディスク風円板型」という型名の項目は設けなかった．

《懇話会》

● 第五話　球の失敗例

老爺：球の失敗例を話しましょう．

　図のように，球外の点Pを中心として角 θ と $\theta+d\theta$ の2本の直線を x 軸の周りに一回転させて球を切ると，底の無いバケツ状の立体ができます．r と $r+dr$ の部分から成るリング状の微小体積を dv とおけば，

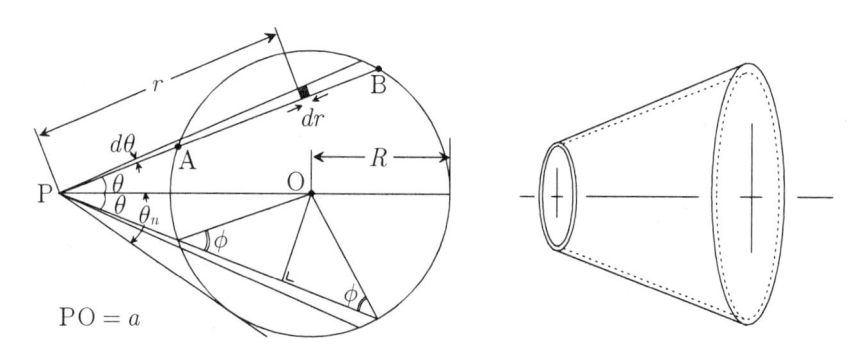

図3D　球の失敗例

$$dv = 2\pi r^2 dr \sin\theta d\theta \qquad \cdots (1)$$

θ と ϕ との関係は

$$a\sin\theta = R\sin\phi \qquad \cdots (2)$$

バケツ状の体積 dV は

$$dV = \int dv = \frac{2}{3}\pi \left[r^3\right]_{a\cos\theta - R\cos\phi}^{a\cos\theta + R\cos\phi} \sin\theta d\theta$$
$$= \frac{4}{3}\pi R(3a^2\cos^2\theta + R^2\cos^2\phi)\cos\phi\sin\theta d\theta$$
$$= \frac{4}{3}\pi R(3a^2 - 3R^2\sin^2\phi + R^2\cos^2\phi)\cos\phi\sin\theta d\theta$$

(2)より
$$\cos\theta = \sqrt{1-\sin^2\theta} = \sqrt{1-\left(\frac{R}{a}\right)^2\sin^2\phi}$$
$$\therefore \quad \sin d\theta = \left(\frac{R}{a}\right)^2 \frac{\cos\phi\sin\phi}{\sqrt{1-\left(\frac{R}{a}\right)^2\sin^2\phi}}\,d\phi \qquad \cdots$$

(3)

ここで，$\frac{R}{a}=k, (k<1)$ とおけば，$\theta=0\to\theta_0$ に対して $\phi=0\to\frac{\pi}{2}$ であるから

$$V = \frac{4}{3}\pi R k^2 \int_0^{\frac{\pi}{2}} (3a^2 - 3R^2\sin\phi + R^2\cos^2\phi)$$
$$\times \cos^2\phi\sin\phi \frac{1}{\sqrt{1-k^2\sin^2\phi}}\,d\phi \qquad \cdots(4)$$

となる．ところが

$$\int_0^{\frac{\pi}{2}} \frac{d\phi}{\sqrt{1-k^2\sin^2\phi}}$$
$$= \frac{\pi}{2}\left\{1 + \left(\frac{1}{2}\right)^2 k^2 + \left(\frac{1\cdot 3}{2\cdot 4}\right)^2 k^4 + \left(\frac{1\cdot 3\cdot 5}{2\cdot 4\cdot 6}\right)^2 k^6 \cdots\right\}$$

は楕円積分と呼ばれていて，(4)は部分積分で計算してもうまく解けません．

結果は失敗に終わりました．「底無しバケツ」は用をなさないことが判り納得したというわけです．

● 第六話　　求積法は他には？

太郎：円と球の求積法はそれぞれ8通りと13通り述べてありますが，まだ他にも有りそうにも思えます．どうでしょう．

老爺：痛い質問ですね．有るかも分からない，と答えるほかありません．実は，円の場合には物理学者 ATAM P. ARYA の八道説を意識しました．彼はインドに生まれ，渡米して原子核実験研究に従事したのち西バージニヤ大学教授になります．彼の著書「基礎現代物理学」（三輪光雄監修，訳，　森北出版）の八道説を紹介します．長くなりますが，聞いて下さい．

『1957 年までに発見された 32 種の素粒子（物質を構成する基本粒子）を四つのグループ重粒子，中間子，軽粒子，光子に分類するのは論理的に割合簡単なことである．しかし 1960 年代半ばに数百の粒子（共鳴状態）が発見されると，物理学者は，新たに発見された粒子ばかりでなく，もっとエネルギーの高いビームで創られる粒子まで予言できるような強い相互作用をする粒子の新しい分類法を見出す必要に迫られた新しい方法の中で，もっとも有効であったのはいわゆる八道説である．この分類に関する新しい考えは，ゲルマンとネーマンにより独立に 1961 年に導入され，8 個の量子力学的変数に対応する 8 個の演算子を用いることから八道説という．』

『八道説は素粒子の多重項を「超多重項」にまとめる新しい対称性の体系を導入した．八道という述語は八つのもの，今の場合は 8 個の演算子の間の関係を示す特別な「リー群の代数」を意味する．』と書いています．

八道とは佛教教理の八正道（正見，正思，正語，正業，正命，正念，正定）から名付けられたもので，八正道は佛

弟子が悟りを得るための修行法であると仏典にあります．また，8に関しては八方，八卦，八大龍王などがあります．

　実を言いますと，円の場合は6通りまで計算してから，8−6＝2で，あと2通りはあるんじゃないか？とARYAの「八道説」が爺の脳裏に深く刻み込まれたのですね．そして出てきたのが多角形型とディスク溝型です．球については12通りまで済んだ時点でこれで終わったか！？，と思ったのです．12には十二神將（薬師護法），十二支（暦），^{12}C（炭素原子，原子質量amuの基準）があるからです．ところが，暫く経って十三佛（不動明王，五如来，七菩薩）が気になってきたのです．13−12＝1で，あと1通りは何型か？というわけです．それは変形円筒型で，思い浮かぶまでに1年半かかったことになります．

　つぎに，円のまとめを図4Dに示しました．分割（微分）の中心点に注目しますと，中心点が円心の場合が最も多く

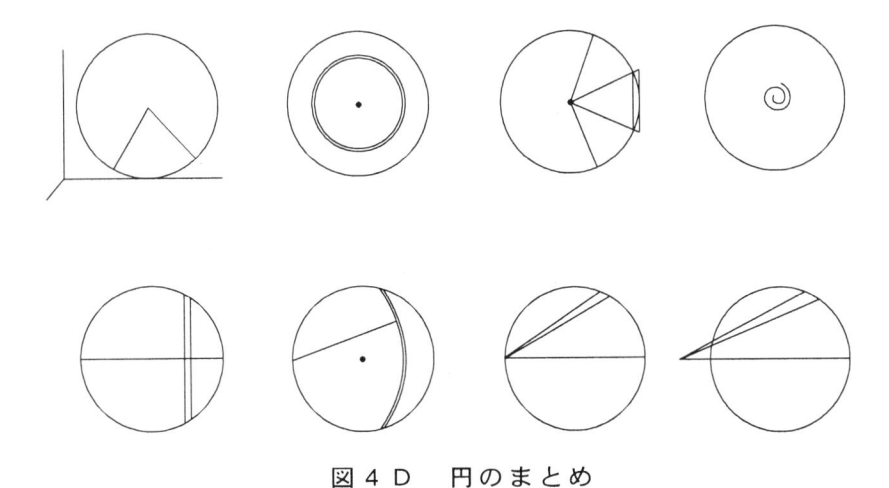

図4D　円のまとめ

二番目は円周上でリング断片型と変形扇形型の二つです．円外は変形扇形型の一つだけです．また，球の場合にも分割中心点が球外にあるのは不等厚円盤形ただ一つです．ところが，固定した分割中心点を持たない型があります．それは円ではデイスク溝型，球では変形円筒型です．この二つは未知新型のヒントを与えてくれるような気がします．

　爺は 8 と 12, 13 の数にこだわり目標値にしてここまできましたが，これで私の役目は終わったようです．あとは，「例外のない法則はない」という格言を添えて若いお二人にバトンを渡します．新しい発想による分割法が見つかれば大変有望です．

太郎：なかなかの難問ですので時間がかかりそうです．吾郎君と相談しながら今までのお話を参考に取り組んでみましょう．新型が見つかればすぐ連絡します．伯父さんにもご協力をお願いします．

第四章 電気信号の微積分

　電気・電子の回路は目的に応じてトランジスタ，増幅器などの能動素子と R（抵抗），C（コンデンサ），L（線輪）の受動素子の最適な組み合わせによって作られる．その中に微分回路，積分回路と呼ばれるものがある．

1. 微分回路，積分回路

1） C, R による回路（図37）

　入力電圧を v_i，出力電圧を v_0 電流を i とする．

（1）微分回路

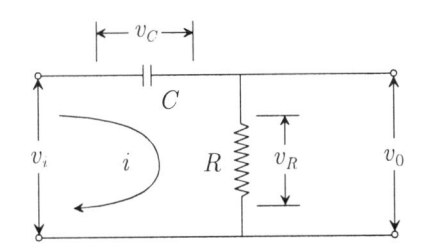

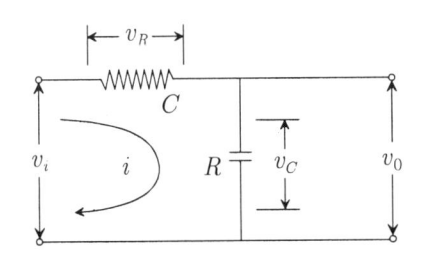

図37　CRのみによる微分回路，積分回路

$$\left.\begin{array}{l} v_i = v_C + v_R = \dfrac{1}{C}\displaystyle\int i\,dt + iR \\ v_0 = v_R = iR \end{array}\right\} \quad \cdots (4.1)$$

の式が成立つ．ここで $v_C \gg v_R$ とおけば

$$\left.\begin{array}{l} v_i \fallingdotseq \dfrac{1}{C}\displaystyle\int i\,dt \\ v_0 \fallingdotseq iR \end{array}\right\}$$

となる. $i = C\dfrac{dv_i}{dt}$ より v_0 は

$$v_0 \fallingdotseq CR\dfrac{dv_i}{dt} \qquad \cdots (4.2)$$

で表わされ，微分回路と呼ばれている．

（2）積分回路

$$\left.\begin{array}{l} v_i = v_R + v_C = iR + \dfrac{1}{C}\displaystyle\int i\,dt \\ v_0 = v_C = \dfrac{1}{C}\displaystyle\int i\,dt \end{array}\right\} \qquad \cdots (4.3)$$

の関係がある．ここで $v_R \gg v_C$ とおけば

$$\left.\begin{array}{l} v_i \fallingdotseq iR \\ v_0 \fallingdotseq \dfrac{1}{C}\displaystyle\int i\,dt \end{array}\right\}$$

となる．よって

$$v_0 \fallingdotseq \dfrac{1}{CR}\int v_i\,dt \qquad \cdots (4.4)$$

上式から積分回路と呼ばれる．

2）差動増幅器による回路（図38）

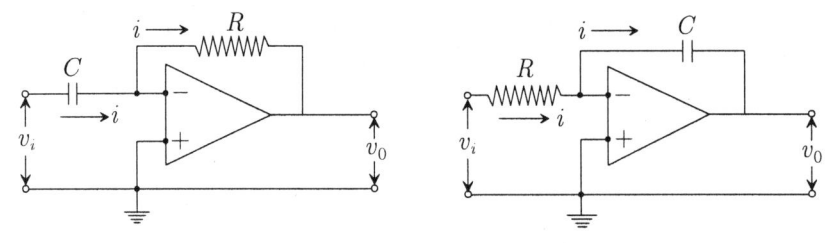

図38　差動増幅器による微分回路，積分回路

作動増幅器の反転入力端子（−）は仮想接地点であり，C を流れる電流と R を流れる電流は等しい．

(1) 微分回路

$$\left.\begin{array}{l}v_i = \dfrac{1}{C}\int i\,dt \\ v_0 = -iR\end{array}\right\} \qquad \cdots (4.5)$$

が成立つ. よって v_0 は

$$v_0 = -CR\dfrac{dv_i}{dt} \qquad \cdots (4.6)$$

となる.

(2) 積分回路

$$\left.\begin{array}{l}v_i = iR \\ v_0 = -\dfrac{1}{C}\int i\,dt\end{array}\right\} \qquad \cdots (4.7)$$

より, v_0 は

$$v_0 = -\dfrac{1}{CR}\int v_i\,dt \qquad \cdots (4.8)$$

で表わされる. 電流積分のときは(4.7)を用いることになる. (4.5)〜(4.8)の v_0 の式に負号があるのは, v_i に対して v_0 は反転していることを示している.

2. 信号の微分積分

　$10Hz, 1V$ のサイン波, 方形波, 三角波の三つの代表的入力波形 (IN, v_i) に対する微分および積分の出力波形 (OUT, v_0) をそれぞれ図39と図40に示した. これは作動増幅器による回路 (図38) を用いて記録したものである. 特に v_0 は記録計側で反転しているため (4.6), (4.8) の負号は正号として記録されている点に注意する必要がある. 横軸は時間 ($1DIV = 20ms$, DIV は division の略) で, 縦軸は電圧である. 電圧値の表示はしていない.

ここでは，横軸を x，縦軸を y とし，$y = f(x)$ として微積分を考える．

１）微分

サイン波は $y = V \sin x = v_i$ とおけるから微分すると $y' = V \cos x = V \sin\left(x + \frac{\pi}{2}\right) = v_0$ となる．すなわち，y' は y よりも位相が $\pi/2$ だけ進んでいる．このことは図より明らかである．

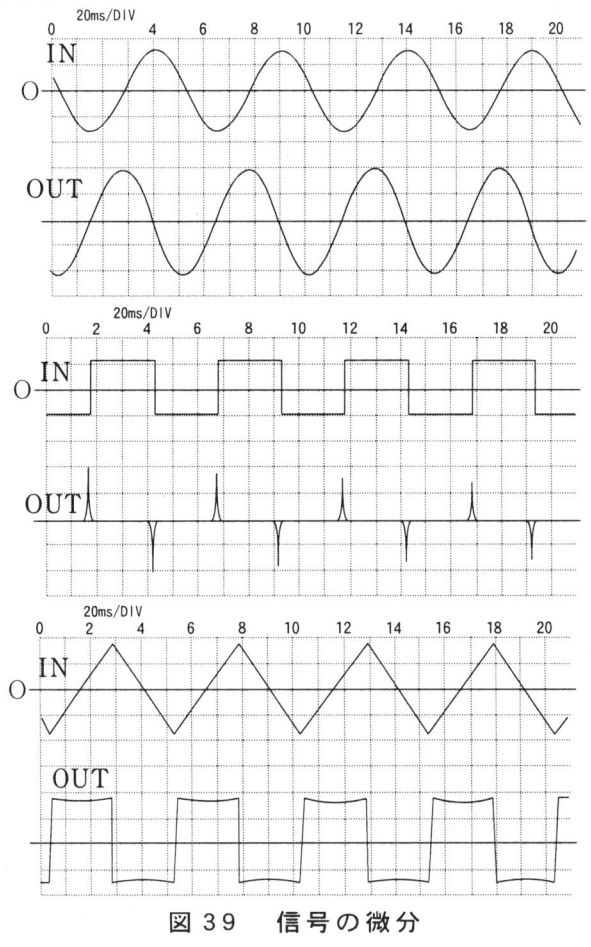

図39　信号の微分

方形波は1周期毎に，$x=0 \to T/2$ のとき $y=V$, $x=T/2 \to T$ のとき $y=-V$ で表される．T は周期である．方形波の微分（v_0）は，信号が立上る時刻（$x=0$）には正の無限大，立下がる瞬間には負の無限大となるはずである．実際には v_0 は無限大とはならず，v_i に比例した最大値または電源電圧と等しくなる．また，v_0 の波形は $e^{-t/\tau}$ （時定数 $\tau = CR$）の指数形になっている．時間軸を拡大すると指数形は明瞭となる．電気的微分と数学の微分と異なっている点に注目したい．

三角波は1周期毎に，$x=0 \to T/2$ のとき
$$y = V\left(\frac{4}{T}x - 1\right), \quad y' = \frac{4}{T}V$$
であり，$x = T/2 \to T$ のとき
$$y = V\left(-\frac{4}{T}x + 3\right), \quad y' = -\frac{4}{T}V$$
となる．図の v_0 の波形は，一定値を示さず少し歪んでいて，v_i の変曲点付近での立上り－立下り（立下り－立上り）は瞬時でなく，いくらかの時間を要している．これは時定数の影響と考えられる．三角波の微分も数学的微分とは違っている．

2）積分

サイン波 $y = V \sin x$ の積分値は，
$$I = \int y\, dx = -V\cos x = -V\sin(x + \pi/2)$$
である．図40において $v_i = V\sin 0 = 0$ のとき $v_0 = -V\sin \pi/2 = -V$ となっている．分かり易くするには，v_0 の反

転した波形を新しく画いてみると，v_0 は v_i よりも位相が $^T\!/_2$ だけ進んでいることで確かめられる．

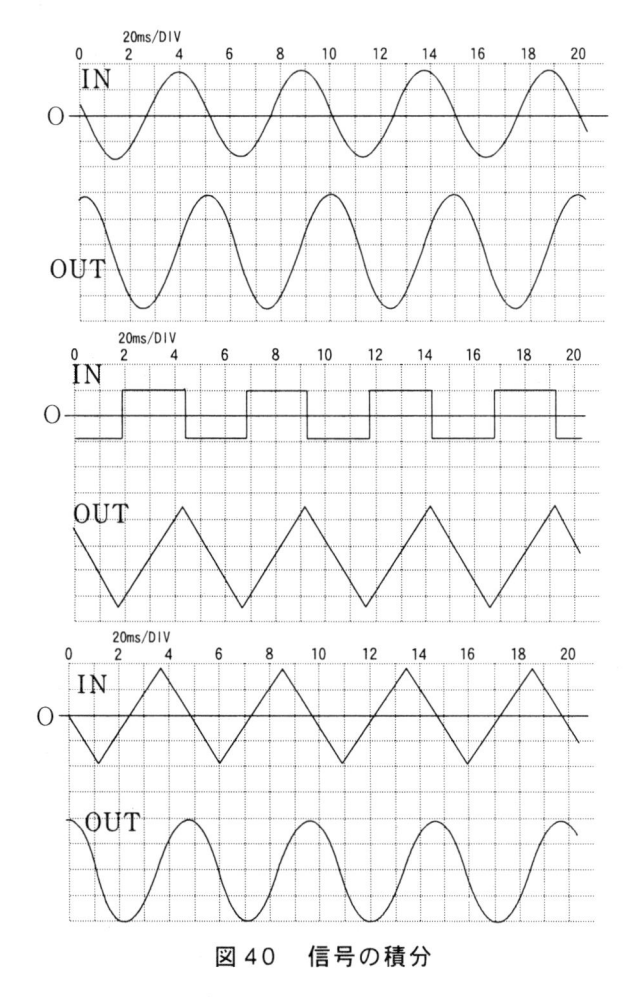

図40　信号の積分

　方形波は1周期毎に，$x = 0 \to {}^T\!/_2$ のとき $y = V$，$I = Vx$ であり，$x = {}^T\!/_2 \to T$ のとき $y = -V$，$I = V(T-x)$ となる．積分波形 (I, v_0) は三角波である．波形を別に図41に示した．

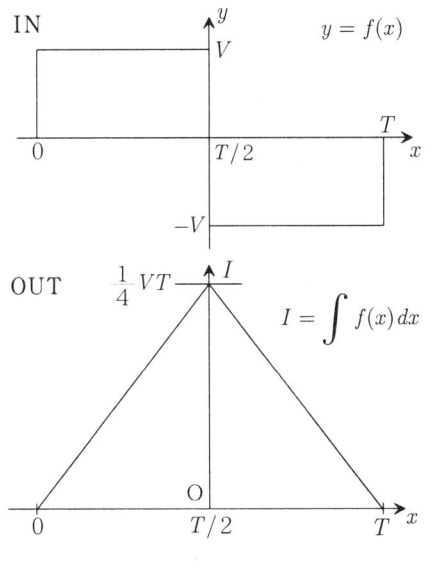

図41　方形波の積分

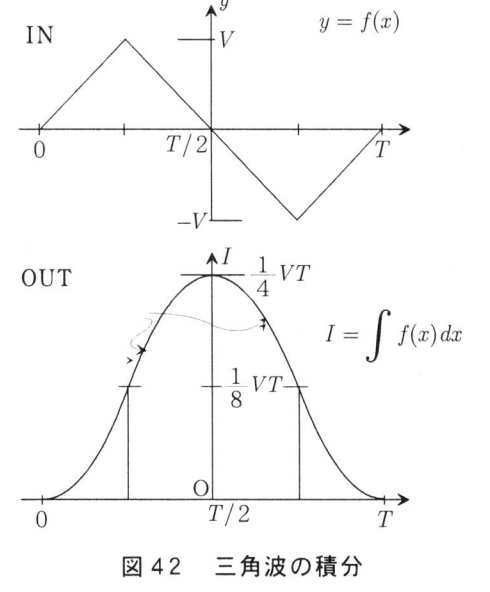

図42　三角波の積分

三角波の積分波形（図42）はサイン波とよく似ている．そこで，1周期を考える．$x = 0 \to T/4$ のとき $y = \frac{4}{T}Vx$，$I = \frac{2}{T}Vx^2$ となり，二次曲線である．また，他の区間においても I は $\left(x - \frac{t}{2}\right)^2$，$(T-x)^2$ の項を含んでいて二次曲線となっている．さらに，$x = 0 \to T$ を $\theta = -\pi \to \pi$ に対応させ，$f(\theta) = \frac{1}{8}VT\{1 + \cos(\theta - \pi)\}$ の曲線を考えると，$x = 0,\ \frac{1}{4}T,\ \frac{1}{2}T,\ \frac{3}{4}T,\ T(\theta = 0,\ \frac{1}{2}\pi,\ \pi,\ \frac{3}{2}\pi,\ 2\pi)$ の5点で I と $f(\theta)$ の値は一致する．このため I はサイン波と似ているように見えるのである．

　サイン波と三角波の積分波形の振幅を比較する．共に v_i の電圧を一定にして周波数 f を変化させながら v_0 を観測すると，サイン波の場合は $T(fT = 1)$ には無関係に振幅は一定であるが，三角波の場合は振幅が T に比例して変わってくる．これによって三角波の積分波形はサイン波形とは違うことが分かる．

　代表的な三つの電気信号の積分波形を示したが，数学的積分とよく一致している．ただし，信号の積分曲線の0点（基線，0ボルトの位置）は測定するごとに変わってくる．これは，スイッチ投入時刻から初めの1周期に入る時刻までの積分値が加算または減算されるからである．ここでは $10Hz$ の低周波信号の積分波形について述べたが，高周波のときは回路の浮遊容量のために電流漏洩が起こり積分波形はちがってくる．

〈懇話会〉

● 第七話　面積計の試案

吾郎：積分回路を用いた面積計の試案について話します．

　測りたい面積を紙に画き，これを光を通さない黒紙に重ねて目的の図形の部分を切り抜きます．この黒紙をスリットの下に取り付けた移動台車に乗せ，その下から光を当てて一定速度で台車を動かします．スリットを通った光はレンズで集光して光センサーに当て，出力電流を積分回路に入力します．

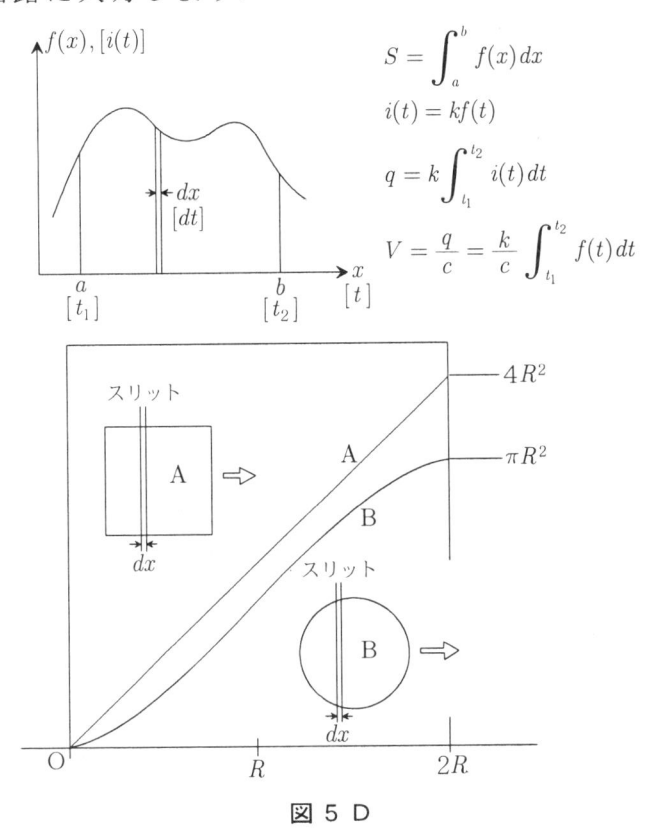

$$S = \int_a^b f(x)\,dx$$

$$i(t) = kf(t)$$

$$q = k\int_{t_1}^{t_2} i(t)\,dt$$

$$V = \frac{q}{c} = \frac{k}{c}\int_{t_1}^{t_2} f(t)\,dt$$

図 5 D

微小面積を dS, 光センサーからの電流と電気量をそれぞれ $i(t)$, dq とすれば

$$dS = f(x)dx, \ i(t) = kf(t)$$
$$dq = i(t)dt = kf(t)dt$$

となり，積分すると

$$S = \int_a^b f(x)dx$$
$$q = k\int_{t1}^{t2} f(t)dt$$
$$V = \frac{q}{C} = \frac{k}{C}\int_{t1}^{t2} f(t)dt$$

で表わされる．ここで，k は光－電流変換係数，C は積分コンデンサの電気容量，V は出力電圧である．

基準図形の面積を S_0，これに対する出力電圧を V_0 とおけば

$$S = S_0 \times \frac{V}{V_0}$$

より未知面積 S が求まる．

以上が面積計の概要です．図5Dは直径 $2R$ の正方形について計算した積分曲線で矢印は図形の移動方向です．円と正方形は装置の性能検査や基準図形として最適であると考えています．実際に製作する場合，最大の難関は一様の照度をもつ光源をどのように作るか？です．光源の問題が解決すればうまくいくと思っています．

太郎：複雑な平面図形を数式で表すのは面倒であり計算

も大変ですので利用価値はありそうです．

　同一図形に対して，移動方向を変えると積分曲線も変わりますが，定積分値は同じです．また，関数$f(x)$が数式で表わされなくても定積分$\int_a^b f(x)dx$の値は求められます．われわれは$f(x)$の数式にこだわりますが，定積分の意味を改めて教えられたように思います．

　図形移動は，スリットを通過する時間が図形内のすべての点で同じである，という条件が必要になります．この条件を満足するようにスリットの形状と移動方法とを組み合わせれば，いろいろな型の積分が可能になります．

老爺：大変面白い話を聞かせてもらいました．吾郎君，ぜひ完成させて下さい．楽しみに待っています．

第五章 関数の展開

関数のベキ級数展開式はいろいろな関数の数値計算に用いられている．

1．定理

関数 $f(x)$ がある区間 $[a, b]$ において有限確定の第 n 次導関数 $f^{(n)}(x)$ を有し，$f^{(n-1)}(x)$ が連続ならば

$$\left.\begin{array}{l} f(a) = f(a) + \dfrac{f'(a)}{1!}(b-a) + \dfrac{f''(a)}{2!}(b-a)^2 + \dfrac{f'''(a)}{3!}(b-a)^3 \\ \quad \cdots + \dfrac{f^{(n-1)}(a)}{(n-1)!}(b-a)^{(n-1)} + R_n \\ \text{ただし，} R_n = \dfrac{f^{(n)}(c)}{n!}(b-a)^n, \ \ a < c < b \end{array}\right\}$$

$$\cdots (5.1)$$

となるような実数 C が存在する．これを**ティラー**(Taylor)**の定理**という．

上式において $a = x, b = x+h$ とおけば

$$f(x+h) = f(x) + \dfrac{f'(x)}{1!}h + \dfrac{f''(x)}{2!}h^2 + \dfrac{f'''(x)}{3!}h^3 +$$
$$\quad \cdots + \dfrac{f^{(n-1)}(x)}{(n-1)!}h^{n-1} + R_n$$
$$\text{ただし，} R_n = \dfrac{f^{(n)}(x+\theta h)}{n!}h^n, \ \ 0 < \theta < 1$$

$$\cdots (5.2)$$

と書ける．

また，$a = 0, b = x$ とおけば，(5.1)式は次のように表わせる．

$f(x)$ が $x=0$ を含むある区間において有限確定の第 n 次導関数を有し，$f^{(n)}(0)$ が連続ならば

$$\left.\begin{array}{l} f(x) = f(0) + \dfrac{f'(0)}{1!}x + \dfrac{f''(0)}{2!}x^2 + \dfrac{f'''(0)}{3!}x^3 + \cdots\cdots \\ \cdots + \dfrac{f^{(n)}(0)}{(n-1)!}x^{n-1} + R_n \\ \text{ただし，} R_n = \dfrac{f^{(n)}(\theta x)}{n!}x^n \end{array}\right\}$$

$\cdots(5.3)$

これを**マクローリン(Maclaurin)の定理**という．

2．ベキ級数展開

(5.2)式は，$\lim_{n \to \infty} R_n = 0$ のときには

$$\left.\begin{array}{l} f(x+h) = f(x) + \dfrac{f'(x)}{1!}h + \dfrac{f''(x)}{2!}h^2 + \dfrac{f'''(x)}{3!}h^3 \cdots\cdots \\ \cdots\cdots + \dfrac{f^{(n)}(x)}{n!}h^n + \cdots\cdots \\ = \sum_{n=0}^{\infty} \dfrac{f^{(n)}(x)}{n!}h^n \end{array}\right\}$$

$\cdots(5.4)$

となる．上式を**ティラーの級数展開式**という．

同様に，(5.3)式は

$$\left.\begin{array}{l} f(x) = f(0) + \dfrac{f'(0)}{1!}x + \dfrac{f''(0)}{2!}x^2 + \dfrac{f'''(0)}{3!}x^3 + \cdots\cdots \\ \cdots\cdots + \dfrac{f^{(n)}(0)}{n!}x^n + \cdots\cdots \\ = \sum_{n=0}^{\infty} \dfrac{f^{(n)}(0)}{n!}x^n \end{array}\right\}$$

$\cdots(5.5)$

とおける．上式を**マクローリンの級数展開式**という．

つぎに，(5.5)式を導こう．

関数 $f(x)$ が x を含むある区間で何回も微分可能であり，導関数が連続であるとき，$f(x)$ を x のベキ級数の和で表わせると仮定すると

$$f(x) = \sum_{n=0}^{\infty} a_n x^n \qquad \cdots (5.6)$$
$$= a_0 + a_1 x + a_2 x^2 + a_3 x^3 + \cdots\cdots + a_n x^n + \cdots\cdots$$

とおける．$a_0,\ a_1,\ a_2,\ a_3,\ \cdots\cdots,\ a_n$ は係数である．逐次微分しても等式が成立するので

$$f'(x) = a_1 + 2a_2 x + 3a_3 x^2 + \cdots + n a_n x^{n-1} + \cdots$$
$$f''(x) = 2!\,a_2 + 3\cdot 2 a_3 x + \cdots + n(n-1) a_n x^{n-2} + \cdots$$
$$f'''(x) = 3!\,a_3 + 4\cdot 3\cdot 2 a_4 x + \cdots + n(n-1)(n-2) a_n x^{n-3} + \cdots$$
$$\cdots\cdots\cdots\cdots\cdots\cdots\cdots\cdots\cdots\cdots\cdots\cdots\cdots\cdots\cdots\cdots\cdots\cdots\cdots\cdots$$
$$f^{(n)}(x) = n!\,a_n + n(n-1)(n-2)\cdots\cdots 3\cdot 2 a_{n+1} x + \cdots$$

$x = 0$ を代入すると，係数 $a_0,\ a_1,\ a_2,\ \cdots,\ a_n$ が求まる．

$$\left\{\begin{array}{l} f(0) = a_0 \\ f'(0) = 1!\,a_1 \\ f''(0) = 2!\,a_2 \\ f'''(0) = 3!\,a_3 \\ \quad\cdots\cdots \\ f^{(n)}(0) = n!\,a_n \end{array}\right\} \text{より} \rightarrow \left\{\begin{array}{l} a_0 = f(0) \\ a_1 = \dfrac{f'(0)}{1!} \\ a_2 = \dfrac{f''(0)}{2!} \\ a_3 = \dfrac{f'''(0)}{3!} \\ \quad\cdots\cdots \\ a_n = \dfrac{f^{(n)}(0)}{n!} \end{array}\right\}$$

よって，(5.6)式は

$$f(x) = f(0) + \frac{f'(0)}{1!}x + \frac{f''(0)}{2!}x^2 + \frac{f'''(0)}{3!}x^3 + \cdots \\ + \frac{f^{(n)}(0)}{n!}x^n + \cdots$$

となって(5.5)式が得られた．

重要な級数展開式を列記する．

$$e^x = 1 + \frac{x}{1!} + \frac{x^2}{2!} + \frac{x^3}{3!} + \cdots\cdots, \quad -1 < x \leqq 1$$

$$e^{-x} = 1 - \frac{x}{1!} + \frac{x^2}{2!} - \frac{x^3}{3!} + \cdots\cdots, \quad -1 < x \leqq 1$$

$$e^{-x^2} = 1 - x^2 + \frac{x^4}{2!} - \frac{x^6}{3!} + \frac{x^8}{4!} - \cdots\cdots$$

$$\log x = 2\left[\frac{x-1}{x+1} + \frac{1}{3}\left(\frac{x-1}{x+1}\right)^3 + \frac{1}{5}\left(\frac{x-1}{x+1}\right)^5 + \cdots\cdots\right]$$

$$\sin x = x - \frac{x^3}{3!} + \frac{x^5}{5!} - \frac{x^7}{7!} + \cdots\cdots$$

$$\cos x = 1 - \frac{x^2}{2!} + \frac{x^4}{4!} - \frac{x^6}{6!} + \cdots\cdots$$

$$\tan x = x + \frac{x^3}{3} + \frac{2x^5}{15} + \frac{17x^7}{315} + \frac{62x^9}{2835} + \cdots\cdots, \quad x^2 < \frac{\pi^2}{4}$$

$$\sin^{-1} x = x + \frac{1}{2}\cdot\frac{x^3}{3} + \frac{1}{2}\cdot\frac{3}{4}\cdot\frac{x^5}{5} \\ + \frac{1}{2}\cdot\frac{3}{4}\cdot\frac{5}{6}\cdot\frac{x^7}{7} + \cdots\cdots, \quad x^2 < 1$$

$$\tan^{-1} x = x - \frac{x^3}{3} + \frac{x^5}{5} - \frac{x^7}{7} + \cdots\cdots, \quad x^2 < 1 \\ = \frac{\pi}{2} - \frac{1}{x} + \frac{1}{3x^3} - \frac{1}{5x^5} + \cdots\cdots, \quad x^2 > 1$$

$$\log \sin x = \log x - \frac{x^2}{6} - \frac{x^4}{180} - \frac{x^6}{2835} - \cdots\cdots, \quad x^2 < \pi^2$$
$$\log \cos x = -\frac{x^2}{2} - \frac{x^4}{12} - \frac{x^6}{45} - \frac{17x^8}{2520} - \cdots\cdots, \quad x^2 < \frac{\pi^2}{4}$$
$$\log \tan x = \log x + \frac{x^2}{3} + \frac{7x^4}{90} + \frac{62x^6}{2835} + \cdots\cdots, \quad x^2 < \frac{\pi^2}{4}$$

(註)

　理科系用の電卓では，例えば三角・逆三角関数，対数・指数関数，双曲・逆双曲線関数などキーを押すだけで数値が表示されるが，これらの関数の級数展開式のプログラムが組み込んである．

(**例 1**) $\lim_{x \to 0} \dfrac{e^x - 1}{x} = 1$ を証明せよ．

(解) $e^x = 1 + \dfrac{x}{1!} + \dfrac{x^2}{2!} - \dfrac{x^3}{3!} + \cdots\cdots$ を代入すると

$$\frac{e^x - 1}{x} = \frac{1}{1!} + \frac{x}{2!} + \frac{x^2}{3!} + \frac{x^3}{4!} + \cdots\cdots$$

∴ $\lim_{x \to 0} \dfrac{e^x - 1}{x} = 1$

(**例 2**) 自然対数の底 e を計算せよ．

(解) e^x の展開式に $x = 1$ を代入すると

$$e = 1 + \frac{1}{1!} + \frac{1}{2!} + \frac{1}{3!} + \cdots\cdots$$

$\quad \fallingdotseq 2.7182815$ (x^9 の項まで)

$\quad \fallingdotseq 2.7182818$ (x^{11} の項まで)

$\quad = 2.7182818\cdots$ [真値]

（**例3**）π の値を計算せよ．

（**解**）$30° = \dfrac{\pi}{6} = \sin^{-1}(0.5)$ より，$\sin^{-1} x$ の展開式に $x = 0.5$ を代入する．

$$\pi = 6\left\{(0.5)^1 + \dfrac{1}{2\cdot 3}(0.5)^3 + \dfrac{1\cdot 3}{2\cdot 4\cdot 5}(0.5)^5 + \cdots\cdots\right.$$

$\qquad\ \ \fallingdotseq 3.1415767$（$x^{11}$ の項まで）

$\qquad\ \ \fallingdotseq 3.1415919$（$x^{15}$ の項まで）

$\qquad\ \ = 3.1415926\cdots$ ［真値］

《懇話会》

● **第八話 πとeは不思議な定数**

老爺：自然科学では基本定数と呼ばれるものがありますね．例えば，光速度（$c=2.99792\times10^8$ m/sec），アボガドロ数（$N_A=6,0221367\times10^{23}$ 1/mol），プランクの定数（$h=0.6260755\times10^{-34}$ J·s）などがあり，円周率（π）と自然対数の底（e）もその中に含まれています．基本定数の中で数学的に数値を計算できるのはπとeだけです．その他はすべて物理的あるいは科学的な精密実験によって得られた数値です．

πとeは人類のために大きな役割を演じています．具体的なことは言いませんが，πとeの発見によって科学技術の発展の扉は開かれたわけです．πとeは不思議な定数であると，私には思われるのです．

太郎：πとeは性格がまるっきり違います．πは，円周の長さ $l=2\pi R$，球の表面積 $S=4\pi R^2$，角周波数 $\omega=2\pi f$ のように，いつも定数（π＝3.14159……）として大切な役目を果たしています．ところが，CR回路の充放電，放射能の減衰，懸垂曲線などの自然現象は $e^{-a\theta}(a\leqq0,\ \theta=x,t)$ の形で表わされます．eは Base of natural logarithms とよばれているように，つねに base（土台）となって $a\theta$ を支えています．

πとeの役割分担というのでしょうか．πは現実の表世界で大いに活躍し，eは $a\theta$ の土台となって自然界を背

後から支えているといえましょう.

　代数的実数でない定数を超越数といい，πとeが知られています．πの証明は1882年になされます．これにより，ギリシア以来の円積問題（円と面積の等しい正方形を定規とコンパスで作図すること）の不可能性が明らかになります.

吾郎：ニュートンの冷却の法則もe^{-at}の指数で表わされます．寒い季節に風呂の湯が冷たくなるのも自然で当たり前の現象ですね．子供の頃「早く風呂に入りなさい」と母からよく叱られたことを思い出しました.

● 第九話：πの測定法

老爺：円周率はπ＝3.14……であることは誰でも知っていますが，実際に測った話は聞いたことがないのです．πは定数で決まっている．いまさら測る必要はないと思われているのでしょう．私は実験物理を専攻してきましたし，この本を書いた責任もあって実測しようという気持ちをおこしてしまったのです．πの測定法を紹介しましょう.

　長さ測定にはノギス（20cm，最小読取目盛；0.05mm），試料はアルミ・パイプ（外径；60.00mm，肉厚；2.15mm，長さ；10cm）を用いた．パイプの中空部の片面には円形に削った板を中心軸に垂直に嵌込んで接着し，十字線（PQ, pq）を入れた紙を貼り付けた.

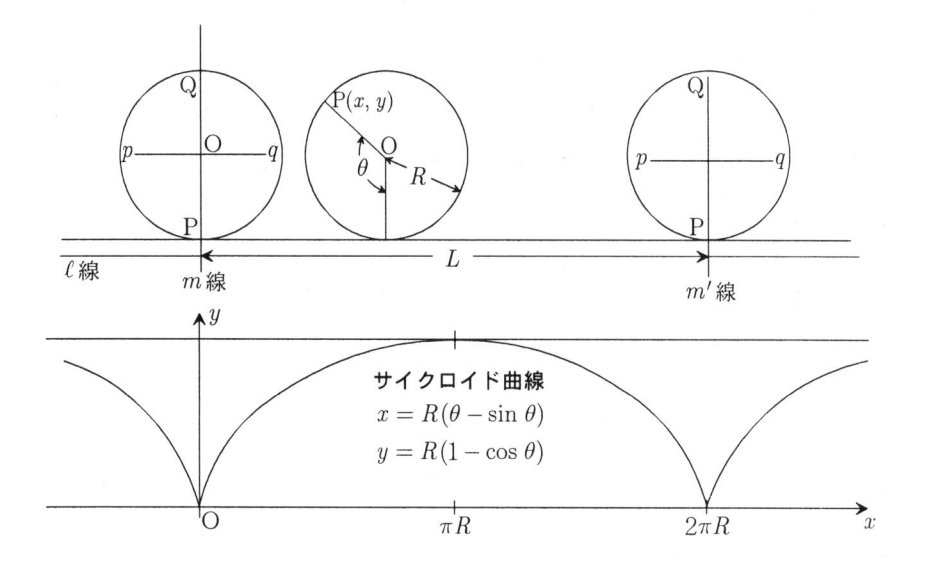

図6D　πの測定法とサイクロイド曲線

　用紙に直線 l を引き机上に敷く．十字線の面を手前にして l 線から 3mm 程度離してパイプを置き，滑らないように回転させて l に平行に移動するか確かめる．三角定規を当てて PQ が紙面に垂直になったのを確認し，P の位置に m 線（l に直角に交わるように）を引く．つぎに，静かにパイプを一回転させ，同様に P の位置に m' 線を引く．$m-m'$ 間距離 L をノギスで測ると，
$$L = 2\pi R, \quad 2R = 60.00\text{mm}$$
により，πの値が求められる．

　上の手順を 12 回繰返した結果，L の測定値は最小値 188.30mm，最大値 188.75mm，平均値 188.50mm で，
$$\pi = 3.141_7 \pm 0.002_7$$
の値を得た．この数値は満足できるものであった．

ここで，パイプの回転を理論的に考えてみる．円を水平に回転させると，円周上の一点 P(x, y) の軌跡はサイクロイド曲線（cycloid curve）となる．半径を R, 回転角を θ とおけば P の座標は

$$x = R(\theta - \sin\theta), \quad y = R(1 - \cos\theta)$$

で表わされる．

パイプと紙面との接点（十字線の P）の位置（m, m'）決めの誤差が一周の長さ L に与える影響を考える．$\theta = 0$ 付近の回転角の誤差を $\Delta\theta$ とすれば，位置誤差 $(\Delta x)_P$ は

$$(\Delta x)_P = R(\Delta\theta - \sin\Delta\theta), \quad R = 30.00 \text{ mm}$$

である．これを表に示す．$\Delta\theta < 12°$ のときはノギスの最小読取誤差 0.05mm 以下となる．

つぎに Q 点に注目する．

$$\frac{dx}{d\theta} = R(1 - \cos\theta)$$

であるから，$\theta = \pi + \Delta\theta$ を代入すると

$$\left(\frac{\Delta x}{\Delta\theta}\right)_Q = R(1 + \cos\Delta\theta) \fallingdotseq 2R$$

$\Delta\theta_{(°)}$	$(\Delta x)_P$ (mm)
0	0
2	0.000
4	0.002
6	0.005
8	0.013
10	0.026
12	0.045
14	0.071

となる．$\Delta\theta = 1$ 度当たりの Q 点の位置誤差 $(\Delta x)_Q$ は

$$(\Delta x)_Q = 2R\Delta\theta = 60.00 \text{mm} \times \frac{\pi}{180} = 1.05 \text{mm}$$

となり，$(\Delta x)_Q \gg (\Delta x)_P$ である．

位置決めは P, Q の二点を同時に注視し，パイプは**車止**めをして三角定規で PQ が紙面に垂直になる点を確かめながら行うので，$\Delta\theta$ を 2°～3° 以下にするのは容易である．

従って，接点 P の位置決めの誤差は L の値には殆ど影響を及ぼさない，といえる．

太郎：m, m' 線を引くときの**車止め**について具体的に話して下さい．

老爺：十字線の正面から見てカナ文字の「へ」の形をした木製の道具を作りました．長い方を二本の短い方で挟んでボルト・ナットで締め，これをパイプの上からかぶせるように乗せるせると，長い方の足先が紙面について車止めとなって固定します．位置修正は固定状態のパイプに両手の指先を当てて行います．鉄板かアルミ板で作ると重量感があって良さそうです．

吾郎：パイプに細い針金を巻くとか，長方形に切った紙を巻くとかして測る方法もあると思いますが，どうでしょう．

老爺：二つとも試みてみました．針金は後で延びないように真直ぐにするのは大変です．紙の場合は二重に重なった部分の長さをどのように補正するか難しいわけです．針金の太さ，紙厚はパイプの外径を大きくすることになります．厚さ 0.10 mm の紙で測った結果は $\pi = 3.145_7 \sim 3.148_3$ となり，真値よりも 0.13 〜 0.21% 大きくなって，うまくいきませんでした．実験屋としては完全な失敗です．

太郎：サイクロイド曲線から誤差を論じた点にはうなずかされました．

老爺：古来から $\pi (= 3.14\cdots)$ の桁数を多く知るための努力がされてきました．例えば，アルキメデスは B.C. 212 年

に正 96 角形を用いて
$$3\frac{10}{71} < \pi < \frac{22}{7}$$
の式を得ました．これは 3.1408＜π＜3.1428 となります．また，5 世紀後半には中国の祖沖之と彼の息子は，1, 3, 5 をそれぞれ 2 個づつ並べ 113355 とし中央で 2 分して前半を分母，後半を分子とすればよいとしました．
$$\frac{355}{113} = 3.14159292$$
となり，真値と 7 桁まで一致しています．全く驚く他ありません．彼らの発想原理は分かりませんが，この式は簡単で覚え易いですね．数字のもつ偶然とは言い切れない不思議さをつくづく感じました．

　つい最近，祖沖之らにならって自然対数の底 *e* の近似式を求めました．1 年は 365 日ですから，365 に近い 3 桁の数を 1, 3, 5, 7 で作ると 367 が得られます．1＋5＝6 を使います．367 を分子，135 を分母とすると
$$\frac{367}{135} = 2.71851, \quad e = 2.71828$$
で 4 桁まで一致します．期待してはいませんでしたが．

太郎：一致していますね．これは伯父さんの新説ですか？三平方の定理で有名なピタゴラス（ギリシア，〜前 500 年？）は「万物は数なり」と言っています．古代中国では陰陽五行説が盛んになります．一，三，五，七のつく熟語を漢和辞典で調べると芽出度いものが多いのに気付きます．数の持つ何か?! を考えさせられました．

追補

1．誤差

われわれが何かを測定する場合つねに誤差が生じて問題にされる．以下，誤差に関係する項目について述べる．

1）偏微分

ある領域内において関数 $f(x, y)$ が定義されているとき，y に一定値 y_0 を与えれば変数 x に関して

$$\lim_{\Delta x \to 0} \frac{f(x + \Delta x, y_0) - f(x, y_0)}{\Delta x}$$

が有限な一定値を有する場合この関数を x に関する偏導関数（偏微分係数）という．記号は

$$\frac{\partial f}{\partial x}, \quad \frac{\partial}{\partial x} f(x, y), \quad f_x(x, y), \quad f_x \quad \text{など}$$

で表わす．

高次の偏導関数は

$$f_{xx} = \frac{\partial}{\partial x}\left(\frac{\partial f}{\partial x}\right) = \frac{\partial^2 f}{\partial x^2}, \quad f_{xxx} = \frac{\partial}{\partial x}\left(\frac{\partial^2 f}{\partial x^2}\right) = \frac{\partial^3 f}{\partial x^3}, \cdots$$

$$f_{xy} = \frac{\partial}{\partial y}\left(\frac{\partial f}{\partial x}\right) = \frac{\partial^2 f}{\partial x \partial y}, \quad f_{xyx} = \frac{\partial}{\partial x}\left(\frac{\partial^2 f}{\partial y \partial x}\right) = \frac{\partial^3 f}{\partial x \partial y \partial x}, \cdots$$

のように表わす．

一般に $f_{xy} = f_{yx}$ が成立つ．すなわち微分の順序を変更しても偏導関数の値は変わらない．

ある領域内において偏導関数 f_x, f_y が存在して連続ならば関数 $f(x, y)$ は全微分可能であるという．このとき全微分 $df(x, y)$ は

$$df(x, y) = \frac{\partial f}{\partial x} dx + \frac{\partial f}{\partial y} dy \quad \cdots\cdots (1)$$

となる．関数 f が互いに独立な $\alpha, \beta, \gamma, \cdots$ の関数であるときには偏微分 df は

$$df = \frac{\partial f}{\partial \alpha} d\alpha + \frac{\partial f}{\partial \beta} d\beta + \frac{\partial f}{\partial \gamma} d\gamma + \cdots \quad \cdots\cdots (2)$$

で表わされる．

2) 誤差の種類

誤差を分類すると次のようになる．

(1) 系統的誤差

測定の基準となる物差しに伸縮があったり原点がズレていたりすると系統的誤差が生じる．原因が分かっているときには適当な方法で誤差は除くことができる．

(2) 個人差による誤差

測定器の目盛り読取の際，過大に読んだり，過小に評価したりするのは個人的にあらわれる誤差である．測定中の個人の癖がはっきりしているときはこの誤差は除くことができる．

(3) 器械的誤差

尺度目盛などの器械的誤差は校正検定を行えば除去できる．測定器械の不安定・確度による誤差や外部雑音などによる誤差もあるがこれらは除去できない．

(4) 過失による誤差

目盛りの読み違いや書き誤りなど観測者の不注意によるものをいう．測定回数が多い場合には過失によるものは発見できることがある．

(5) 偶然誤差

誤差論で取り扱う誤差で偶然的に起こる誤差をいう．偶然誤差の経験的な性質は

- 小さい誤差は大きい誤差よりも頻繁に起きる．
- 同じ大きさの正と負の誤差は同じ確率で起こる．
- 非常に大きい誤差は起こらない．

などである．偶然誤差は取り除くことが不可能である．

3）．正規分布

偶然誤差の経験的性質を確率論的数式に表わして計算すると正規分布が得られる．正規分布は Gauss 分布とも呼ばれ，統計学の分野では最も重要とされている．

正規分布を図に示す．標準偏差（誤差），平均値，確率密度関数をそれぞれ $\sigma, m, \phi(x)$ とおけば

$$\left. \begin{array}{l} \phi(x) = \dfrac{1}{\sqrt{2\pi}\,\sigma}\, e^{-(x-m)^2/2\sigma^2} \\[2mm] \displaystyle\int_{-\infty}^{+\infty} \phi(x)dx = 1 \end{array} \right\} \quad \cdots\cdots (3)$$

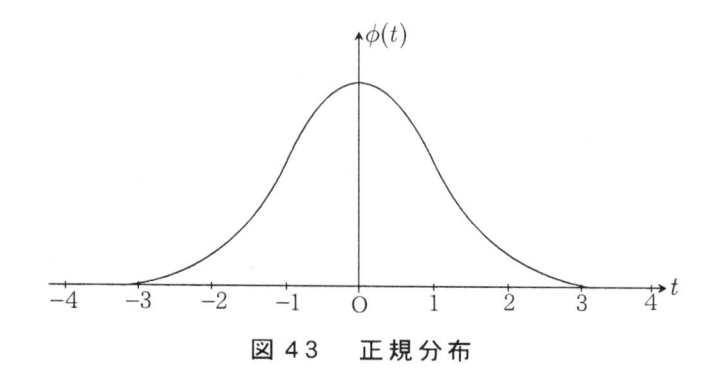

図43　正規分布

ここで，$\frac{x-m}{\sigma} = t$, $\sigma = 1$, $m = 0$とおけば

$$\phi(t) = \frac{1}{\sqrt{2\pi}} e^{-\frac{t^2}{2}} \quad \cdots\cdots (4)$$

となる．(4)式を標準正規分布といい数値表に示されている．

(3), (4)式は測定回数が無限に多い場合の式である．しかし，実際の測定回数は有限回にならざるを得ない．m, σの計算は次のように行う．

$$\left.\begin{array}{l} 測定値\quad : x_1, \ x_2, \ x_3, \cdots\cdots\cdots\cdots\cdots, x_n \\ 平均値\quad : m = \bar{x} = \dfrac{1}{n}\sum_{i=1}^{n} x_i \\ 標準偏差: \sigma = \sqrt{\dfrac{1}{(n-1)}\sum_{i=1}^{n}(x_i - \bar{x})^2} \\ 平均値の \\ 標準偏差 : \sigma_m = \sqrt{\dfrac{1}{n(n-1)}\sum_{i=1}^{n}(x_i - \bar{x})^2} \end{array}\right\} \cdots\cdots (5)$$

理科系用電卓は測定値を入力すると，m, n, σ, σ_mが出力されるようになっていて便利である．ここで，σとσ_mの相違には特に注意すべきである．

(4)式を積分すると

$$\int_{-\sigma}^{\sigma} \phi(t)dt = 0.6827, \quad \int_{-3\sigma}^{3\sigma} \phi(t)dt = 0.9973$$

となる．測定値が±σ以内にある確率は 68.27％，±3σ以内では 99.73％である．したがって，測定データが±3σ以上に大きくあらわれたときはそのデータは捨てるのが常

識とされている．もし棄却すべきデータが得られた場合には目盛りの読み違い，測定器の不安定，雑音混入などを点検する必要がある．

標準偏差の σ の代わりに確率誤差 ρ を用いる場合がある．測定値の半数(50%)が誤差 $\pm \rho$ の範囲内に入ることを意味する．

$$\left. \begin{array}{l} \int_{-\rho}^{\rho} f(t)dt = 0.5000 \\ \rho = 0.6745\sigma \end{array} \right\} \cdots\cdots (6)$$

ρ は分かり易いので使われている分野がある．

確率を取り扱う方法としては正規分布の外に二項分布，ポアソン分布があるが，ここでは省略する．

4)．誤差計算法

測定値 x, y の誤差を $\Delta x, \Delta y$ とおけば，和と積は誤差伝播の法則より

$$\left. \begin{array}{l} (x \pm \Delta x) \pm (y \pm \Delta y) = (x \pm y) \pm \sqrt{(\Delta x)^2 + (\Delta y)^2} \\ (x \pm \Delta x)(y \pm \Delta y) = xy \left[1 \pm \sqrt{\left(\dfrac{\Delta x}{x}\right)^2 + \left(\dfrac{\Delta y}{y}\right)^2} \right] \end{array} \right\} \cdots (7)$$

で表わされる．

独立変数 x, y, z の関数 $f(x, y, z)$ を偏微分すると，(2)式から

$$df = \frac{\partial f}{\partial x}dx + \frac{\partial f}{\partial y}dy + \frac{\partial f}{\partial z}dz$$

そこで，$df \to \Delta f, x \to \Delta x, \cdots$ とおくと

$$\Delta f = \sqrt{\left(\frac{\partial f}{\partial x}\Delta x\right)^2 + \left(\frac{\partial f}{\partial y}\Delta y\right)^2 + \left(\frac{\partial f}{\partial z}\Delta z\right)^2} \quad \cdots\cdots(8)$$

となる. $f(x, y, z) = x^a y^b z^c$ のときは, 自然対数をとると

$$\log f = a \log x + b \log y + c \log z$$

となる. これを微分形に書くと

$$\frac{df}{f} = a\frac{dx}{x} + b\frac{dy}{y} + c\frac{dz}{z}$$

前と同様に, $df \to \Delta f, \ dx \to \Delta x, \cdots$ とおけば

$$\frac{\Delta f}{f} = \sqrt{\left(a\frac{\Delta x}{x}\right)^2 + \left(b\frac{\Delta y}{y}\right)^2 + \left(c\frac{\Delta z}{z}\right)^2} \quad \cdots\cdots(9)$$

となり, 誤差率の関係式が得られる.

例題

1) π の測定（話9）のデータを表に示す．

L の平均値 $\overline{x}$，標準偏差 σ，平均値の標準偏差 σ_m は (5) 式から

$$\overline{x} = 188.50$$
$$\sigma = 0.167$$
$$\sigma_m = 0.048$$

L	(mm)
188.50	188.30
188.30	188.35
188.75	188.45
188.40	188.75
188.35	188.65
188.60	188.60

$3\sigma = 3 \times 0.167 \fallingdotseq 0.50$ mm となり，12個全部のデータは 188.50 ± 0.50 mm の範囲に入っているので，測定に手違いはなかったと考えてよい．$L = \overline{x} \pm \sigma_m$ を代入すると

$$\pi = \frac{L}{2R} = \frac{1}{60.00}(188.50 \pm 0.048)$$
$$= 3.141_7 \pm 0.000_8$$

が得られる．

2) ある試料の放射能を GM 装置で測ったところ計数値は 857.5 ± 12.4 cpm であった．バックグラウンドは 45.9 ± 6.2 cpm として試料の放射能を計算せよ．

(7)式より

$$(857.5 - 45.9) \pm \sqrt{(12.4)^2 + (6.2)^2}$$
$$= \underline{811.6 \pm 13.9} \text{ cpm}$$

となる．

3) X線の照射線量 I は

$$I = k \frac{1}{d^2} it V^n$$

で表わされるという．k は定数，d は管球焦点-電離箱間

距離, i は管電流, V は管電圧, t は照射時間, n は管電圧およびフィルターに関わる定数で通常 $n=3\sim 5$ である. $d=120\pm 0.5\mathrm{cm}$, $i=100\pm 1.2\mathrm{mA}$, $t=15\pm 0.1\mathrm{msec}$, $V=85\pm 1\mathrm{kV}$, $n=3.4$ のとき照射線量の誤差率を求めよ.

$$\frac{\Delta I}{I} = \sqrt{\left(\frac{2\Delta d}{d}\right)^2 + \left(\frac{\Delta i}{i}\right)^2 + \left(\frac{\Delta t}{t}\right)^2 + \left(\frac{n\Delta V}{V}\right)^2}$$

$$= \sqrt{\left(\frac{2\times 0.5}{120}\right)^2 + \left(\frac{1.2}{100}\right)^2 + \left(\frac{0.1}{15}\right)^2 + \left(\frac{3.4\times 1}{85}\right)^2}$$

$$= 0.043$$

$\pm 4.3\%$ の誤差率となる.

2. フーリエ変換

特に, 相関関数のフーリエ変換 (パワースペクトル) は振動現象の解析など多方面で利用されている.

フーリエ積分は, フーリエ級数から導かれフーリエ変換と呼ばれている. 既知関数 $x(t)$ のフーリエ変換 $F(\omega)$ は

$$\left.\begin{array}{l} F(\omega) = \displaystyle\int_{-\infty}^{\infty} x(t)e^{-j\omega t}dt \\ x(t) = \displaystyle\int_{-\infty}^{\infty} F(\omega)e^{j\omega t}d\omega \end{array}\right\} \cdots\cdots (10)$$

$$\begin{bmatrix} j = \sqrt{-1} \\ e^{j\omega t} = \cos\omega t + j\sin\omega t \\ e^{-j\omega t} = \cos\omega t - j\sin\omega t \end{bmatrix}$$

で示される. $F(\omega) \to x(t)$ の変換を逆フーリエ変換という.
e は自然対数の底である.

ωt は角度 (ラジアン) の単位をもつから, t を時間 (sec) にとれば ω は角周波数 (ラジアン/sec) となり, t を距離 (cm) にとれば ω は空間周波数 (ラジアン／cm) となる. 周波数を f とすれば $\omega = 2\pi f$ である.

1) 自己相関関数とパワースペクトル

自己相関関数 $C(t)$ は下式で定義される.

$$\left.\begin{array}{l} C(t) = \overline{x(t)x(t+\tau)} = \lim_{T \to \infty} \dfrac{1}{T} \displaystyle\int_{-T/2}^{T/2} x(t)x(t+\tau)dt \\ C(0) = \overline{x^2(t)} = \lim_{T \to \infty} \dfrac{1}{T} \displaystyle\int_{-T/2}^{T/2} x^2(t)dt \end{array}\right\} \cdots (11)$$

ここで, ——— は平均値を表わし, τ はラグ (lag) と呼ばれていて遅れ時間である.

次に, パワー・スペクトルを $P(\omega)$ とおけば

$$\left.\begin{array}{l} P(\omega) = \displaystyle\int_{-\infty}^{\infty} C(\tau)e^{-j\omega\tau}d\tau \\ C(\tau) = \displaystyle\int_{-\infty}^{\infty} P(\omega)e^{j\omega\tau}d\omega \end{array}\right\} \cdots\cdots (12)$$

の関係がある.

2) 相互相関関数とパワースペクトル

$x(t)$ と $y(t)$ との相互相関関数を $C_{xy}(\tau)$ とおけば

$$\left.\begin{array}{l}C_{xy}(\tau)=\overline{x(t)y(t+\tau)}=\lim_{T\to\infty}\frac{1}{T}\int_{-T/2}^{T/2}x(t)y(t+\tau)dt\\ C_{xy}(\tau)=\overline{x(t)y(t-\tau)}=\lim_{T\to\infty}\frac{1}{T}\int_{-T/2}^{T/2}x(t)y(t-\tau)dt\\ C_{xy}(\tau)=C_{yx}(-\tau)\end{array}\right\}\cdots(13)$$

となる．

前と同様に相互相関のパワー・スペクトルを $P(\omega)$ とおけば

$$\left.\begin{array}{l}P(\omega)=\int_{-\infty}^{\infty}C_{xy}(\tau)e^{-j\omega\tau}dt\\ C_{xy}(\tau)=\int_{-\infty}^{\infty}P(\omega)e^{j\omega\tau}d\omega\end{array}\right\}\cdots\cdots(14)$$

が成立する．

例1.

$$x(t)=\begin{cases}1, & |t|\leqq T/2\\ 0, & |t|>T/2\end{cases}$$ をフーリエ変換せよ．

解：

$$F(\omega)=\int_{-T/2}^{T/2}x(t)e^{-j\omega\tau}dt$$

実数部をとると

$$F(\omega)=\int_{-T/2}^{T/2}\cos\omega t\,dt=\left[\frac{1}{\omega}\sin\omega t\right]_{-T/2}^{T/2}$$
$$=\frac{2}{\omega}\sin\left(\frac{\omega T}{2}\right)=T\frac{\sin\left(\frac{\omega T}{2}\right)}{\left(\frac{\omega T}{2}\right)}$$

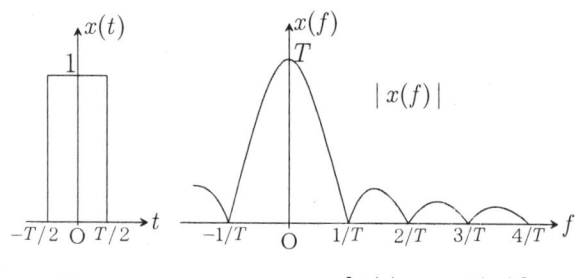

図 4 4 フーリエ変換 $[x(t) \to X(w)]$

$\omega = 2\pi f$ を代入する.

$$\therefore \quad F(t) = T\frac{\sin \pi fT}{\pi fT}$$

例 2.

$x(t) = \begin{cases} k, & 0 < |\tau| \leqq a \\ 0, & |\tau| > a \end{cases}$ の自己相関関数とパワースペクトルを求めよ.

解：

$$C(\tau) = \frac{1}{T}\int_{-\infty}^{\infty} x(t)x(t+\tau)dt$$

$\tau > 0$ のとき

$$C(\tau) = \frac{k^2}{a}\int_{t_0+\tau}^{t_0+a} dt = \frac{K^2}{a}[t]_{t_0+\tau}^{t_0+a} = \frac{K^2}{a}(a-\tau)$$

$C(\tau) = C(-\tau)$ であるから

$$\therefore \quad C(\tau) = \begin{cases} \frac{K^2}{a}(a-\tau), & |\tau| \leqq a \\ 0, & |\tau| > a \end{cases}$$

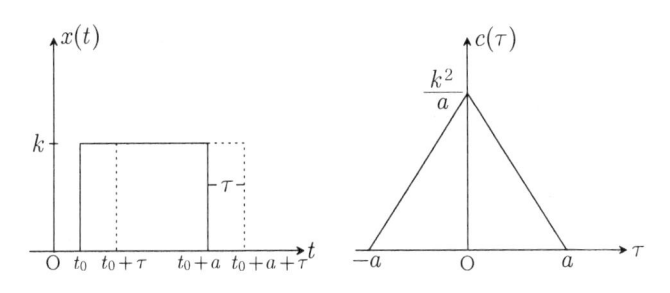

図 45　$x(t)$ と自己相関関数 $C(t)$

パワースペクトル $P(\omega)$ は

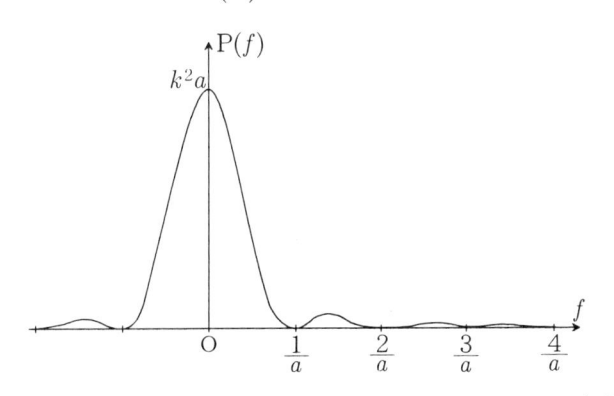

図 46　$x(t)$ [図 45] のパワースペクトル $\mathbf{P}(f)$

$$P(\omega) = \int_{-\infty}^{\infty} C(\tau)\cos\omega\tau\, dt$$

$$P(\omega) = \frac{K^2}{a}\int_{0}^{a}(a-\tau)\cos\omega\tau\, dt$$

$$= \frac{K^2}{a}\left[\frac{a}{\omega}\sin\omega\tau - \left(\frac{\tau}{\omega}\sin\omega\tau + \frac{1}{\omega^2}\cos\omega\tau\right)\right]_0^a$$

$$= \frac{K^2}{a}\frac{2}{\omega^2}(1-\cos a) = K^2 a\left\{\frac{\sin\left(\frac{\omega a}{2}\right)}{\left(\frac{\omega a}{2}\right)}\right\}^2$$

$\omega = 2\pi f$ を代入すると

$$\therefore \quad P(f) = K^2 a \left(\frac{\sin \pi f a}{\pi f a} \right)^2$$

が得られる．

例3．X線写真のパワースペクトル[$P(f)$]

　鮮明なX線写真を撮るにはX線管球焦点の小さい装置が必要である．焦点評価法にはX線強度分布（黒化度分布＝$x(t)$）をフーリエ変換してレスポンス関数（ＭＴＦ）を求める方法とテストチャート法（解像力検査法）がある．

　われわれは，まず初めに$P(f)$計算法の有用性を調べる目的でテストチャートを使用した．テストチャートは同じ幅の金属平板細線をその幅と同じ間隔を空けて平行に4～5本並べてあり，数種の異なる幅の細線群を一組にして作られている．これのX線写真像を直視観察して分離可能な最も狭い幅（細線／mm）をもって解像力とする簡便な方法で広く用いられている．因みに，X線写真像の読影においては2.5（本／mm）以上の高空間周波数は判読できないとされている．

　計算機への入力 data は 1,024 個，黒化度は 0.500－2.500，ミクロホトメータ（黒化度計）からの打ち出し data 数は 600 個／mm である．黒化度は細線部が小さく，空隙部は大きくなる．

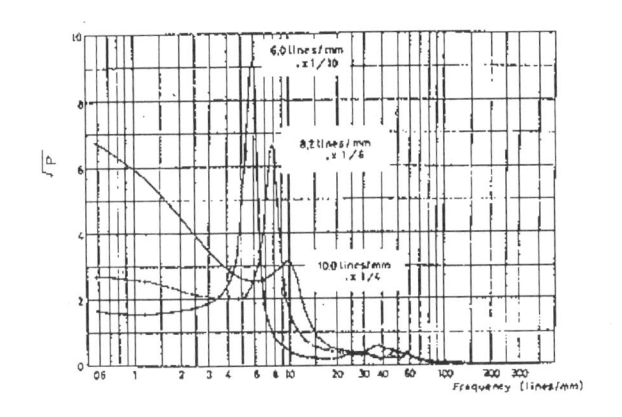

図47　テストチャートのパワースペクトル

　テストチャートの$P(f)$は図のような曲線となり，peak値は表示値（6.0, 8.2, 10.0本／mm）と一致した．勿論，用いたテストチャートのX線写真は直視で細線の判読はできなかった．図48に橈骨のX線写真とその$P(f)$を示す．入力data 1,024個，打出し数は100個／mm，部位はX線写真上に□印をしてある．骨正常者三名（T2:24才，T3:74才，T4:48才）とリューマチ性関節炎一名（T5:50才）である．

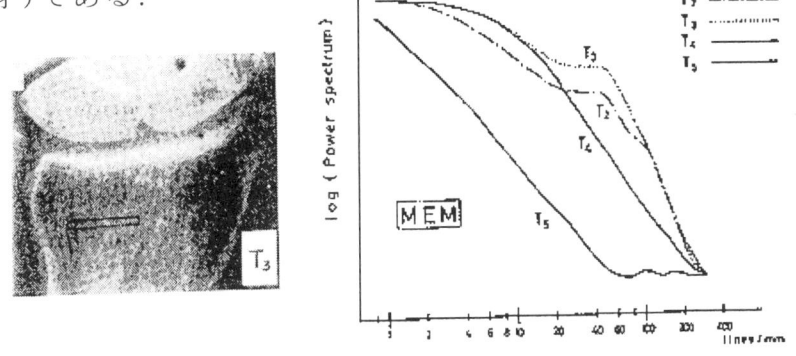

図48　橈骨下端のX線写真とそのパワースペクトル

$P(f)$曲線を比較すると，リューマチ性関節炎患者は骨正常者に比べて，低域から広域まで広い範囲で周波数成分の減少が特に顕著である．このことは，リュウマチ性関節炎患者はX線写真上で骨稜消失が見られる．という臨床診断と一致している．

　付言すれば，黒化度（D）は次のように定義されている．強さI_0の光をフィルムの裏側から当て，その透過光の強さをIとおけば

　　$D = -\log_{10}(I/I_0)$である．

註　図47,48のパワースペクトル計算プログラムは元九州産業大学教授（応用物理学）川上弘泰氏の提供による．

3．ラプラス変換

　一般に，力学・機械・電気などの物理現象は微分方程式で表記されるが，簡単には解は得られない．ラプラス(Laplace)変換法は微分方程式を代数式に替えて解を求める手法である．

　関数$f(t)$のラプラス変換を$F(s)$とおけば

$$\left.\begin{array}{l} F(s) = \int_0^\infty f(t)e^{-st}dt \\ F(s) = \mathscr{L}[f(t)] \end{array}\right\} \cdots\cdots (15)$$

で表される．記号$\mathscr{L}$は大文字Lの筆記体である．

　$f(t)$は時間領域の関数で表関数と呼ばれ具体的である．$F(s)$はs領域の関数で裏関数といわれてその像のイメー

ジを掴むことはむずかしい．実際の計算では $f(t) \leftrightarrows F(s)$ の対照表を利用するので，したがって，$F(s)$ の像のイメージは問題にしなくてもよいと云えそうである．

ラプラス変換対照表

	$f(t)$	$F(s) = \mathscr{L}[f(t)]$
1	$\delta(t)$	1
2	1	$\dfrac{1}{s}$
3	t	$\dfrac{1}{s^2}$
4	t^n	$\dfrac{n!}{s^{n+1}}$
5	e^{-at}	$\dfrac{1}{s+a}$
6	e^{at}	$\dfrac{1}{s-a}$
7	$\dfrac{1}{a}(1-e^{-at})$	$\dfrac{1}{s(s+a)}$
8	$\sin \omega t$	$\dfrac{\omega}{s^2+\omega^2}$
9	$\cos \omega t$	$\dfrac{s}{s^2+\omega^2}$
10	$\sinh at$	$\dfrac{a}{s^2-a^2}$
11	$\cosh at$	$\dfrac{s}{s^2-a^2}$
12	$e^{-at}\sin \omega t$	$\dfrac{\omega}{(s+a)^2+\omega^2}$
13	$e^{-at}\cos \omega t$	$\dfrac{(s+a)}{(s+a)^2+\omega^2}$
14	$\dfrac{df}{dt}$	$sF(s)-f(0)$
15	$\dfrac{d^2f}{dt^2}$	$s^2F(s)-sf(0)-f'(0)$
16	$\int_0^t \int_0^t \cdots \int_0^t f(t)\,(dt)^n$	$\dfrac{1}{s^n}F(s)$

線形システムの入出力について述べる．線形システムに単位インパルス $\delta(t)$ を入力したときの出力を $g(t)$ とすれば，$g(t)$ はインパルス応答と呼ばれる．$\delta(t)$ は**デイラック(Dirac)のデルタ関数**で次のように定義されている．

$$\begin{cases} \delta(t) = \begin{cases} \infty, & t = 0 \\ 0, & t \neq 0 \end{cases} \\ \displaystyle\int_{-\infty}^{\infty} \delta(t)dt = 1 \end{cases}$$

$$\begin{cases} \delta(t-\tau) = \begin{cases} \infty, & t = \tau \\ 0, & t \neq \tau \end{cases} \\ \displaystyle\int_{-\infty}^{\infty} \delta(t-\tau)dt = 1 \end{cases}$$

図49 インパルス（デルタ関数）

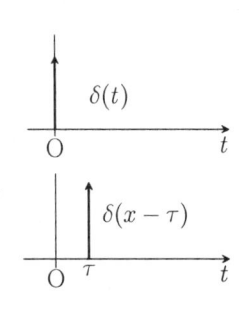

一般に，関数 $f(t)$ に対して次式が成立する．

$$\left. \begin{aligned} \int_{-\infty}^{\infty} f(t)\delta(t)dt &= f(0) \\ \int_{-\infty}^{\infty} f(t)\delta(t-\tau)dt &= f(t) \end{aligned} \right\} \quad \cdots\cdots (16)$$

同様に $x(t)$ を積分形に書くと

$$x(t) = \int_{-\infty}^{\infty} x(t)\delta(t-\tau)dt$$

$x(t)$ を線形システムに入力すると出力 $y(t)$ は

$$y(t) = \int_{-\infty}^{\infty} x(\tau)g(t-\tau)dt \\ = \int_{-\infty}^{\infty} x(t-\tau)g(\tau)dt \Bigg\} \cdots\cdots\cdots\cdots (17)$$

上式はたたき込み積分といわれ，次のようにも書かれる．

$$y(t) = x(t) * g(t) = g(t) * x(t) \quad \cdots\cdots (18)$$

$x(t)$, $y(t)$, $g(t)$ のラプラス変換をそれぞれ $X(s)$, $Y(s)$, $G(s)$ とすれば，(18) 式は

$$Y(s) = X(s)G(s) = G(s)X(s) \quad \cdots\cdots (19)$$

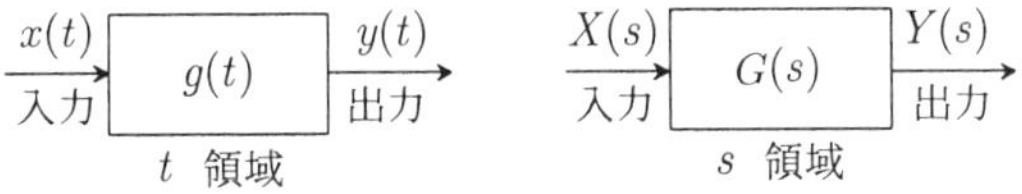

図 50 線形システムの入出力の関係

となる．ここで，$G(s)$ は線形システムを特徴づける重要な関数であり，伝達関数と呼ばれている．

例 1． 次をラプラス変換せよ．

1) $\sin \omega t$ 　　2) $\dfrac{df(t)}{dt}$

解： 1) $e^{\pm j\theta} = \cos\theta \pm j\sin\theta$ を用いると

$$\sin \omega t = \frac{1}{2j}(e^{j\omega t} - e^{-j\omega t})$$

$$\mathscr{L}[\sin \omega t] = \frac{1}{2j}\int_{-\infty}^{\infty}(e^{j\omega t} - e^{-j\omega t})e^{-st}dt$$

$$= \frac{1}{2j}\int_{-\infty}^{\infty}(e^{(j\omega-s)t} - e^{-(j\omega+s)t})e^{-st}dt$$

$$= \frac{1}{2j} \left[\frac{e^{(j\omega-s)t}}{j\omega - s} + \frac{e^{-(j\omega+s)t}}{j\omega + s} \right]_0^\infty$$

$$= -\frac{1}{2j} \left(\frac{1}{j\omega - s} + \frac{1}{j\omega + s} \right) = -\frac{1}{2j} \frac{2j\omega}{(j\omega)^2 - s}$$

$$= \frac{\omega}{s^2 + \omega^2}$$

2) $\mathscr{L}\left[\dfrac{df}{dt}\right] = \displaystyle\int_0^\infty \dfrac{df}{dt} e^{-st} dt$

部分積分 $\displaystyle\int u'v = uv - \int uv'$ を用いる.

$$u' = \frac{df}{dt}, \quad v = e^{-st} \longrightarrow u = f, \quad v' = -se^{-st}$$

$$\mathscr{L}\left[\frac{df}{dt}\right] = [fe^{-st}]_0^\infty + s\int_0^\infty f e^{-st} dt$$

$$= -f(0) + sF(s) = \underline{sF(s) - f(0)}$$

また, 同様にして

$$\mathscr{L}\left[\frac{d^2 f}{dt^2}\right] = \underline{s^2 F(s) - sf(0) - f'(0)}$$

が得られる.

例 2. 微分方程式 $a\dfrac{dy}{dx} + by + C$ を解け.

a, b, c は定数である.

解: $\mathscr{L}[y] = Y(s)$, $\mathscr{L}\left[\dfrac{dy}{dx}\right] = sY(s) - y_0$, $\mathscr{L}[1] = \dfrac{1}{s}$

を代入すると

$$asY(s) - ay_0 + bY(s) + C\frac{1}{s} = 0$$

$$Y(s)(as+b) = ay_0 - C\frac{1}{s}$$

$$Y(s) = y_0 \frac{1}{s+\frac{b}{a}} - \frac{c}{b}\left(\frac{1}{s} - \frac{1}{s+\frac{b}{a}}\right)$$

よって，ラプラス変換表より y は

$$y = y_0 e^{-\frac{b}{a}t} - \frac{c}{b}(1 - e^{-\frac{b}{a}t})$$

$$\therefore \quad \underline{\underline{y = \left(y_0 + \frac{c}{b}\right)e^{-\frac{b}{a}t} - \frac{c}{b}}}$$

例3．図51 の電気回路の伝達関数 $G(s) = V_0(s)/V_i(s)$ を求めよ．

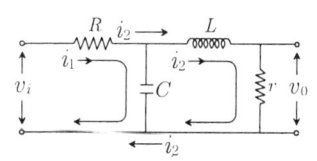

図51 電気回路

解：電圧と電流をそれぞれ v_i, v_0 と i_1, i_2 とおけば

$$\left.\begin{aligned} v_i &= (i_1 + i_2)R + \frac{1}{C}\int i_1\,dt \\ \frac{1}{C}\int i_1\,dt &= L\frac{di_2}{dt} + i_2 r \\ v_0 &= i_2 r \end{aligned}\right\}$$

となる．v, i のラプラス変換を $V(s)$, $I(s)$ とすれば

$$\left.\begin{aligned} V_i(s) &= \{I_1(s) + I_2(s)\}R + \frac{1}{sC}I_1(s) \\ \frac{1}{sC}I_1(s) &= (sL + r)I_2(s) \\ V_0(s) &= rI_2(s) \end{aligned}\right\}$$

上式から $I_1(s)$, $I_2(s)$ を消去すると

$$\therefore \quad G(s) = \frac{V_0(s)}{V_i(s)} = \frac{1}{LCRs^2 + (L+rCR)s + (R+r)}$$

4. 双曲線関数

双曲線関数はいわゆる指数関数であって工学関係で用いられる．その外に，懸垂曲線としても広く知られている．

1) 双曲線関数

双曲線関数は次のように定義される．

$$\left.\begin{array}{l} \cosh\theta = \frac{1}{2}\left(e^\theta + e^{-\theta}\right) \\ \sinh\theta = \frac{1}{2}\left(e^\theta - e^{-\theta}\right) \end{array}\right\} \quad \cdots\cdots (1)$$

$y = a\cosh\left(\frac{x}{a}\right)$

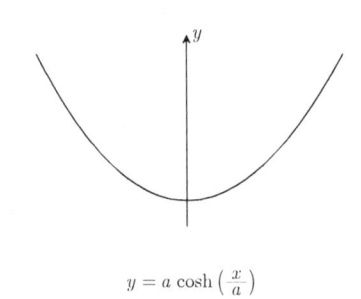

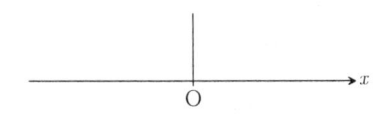

図 5 2　双曲線関数

三角関数と似た性質をもっていて，呼び方は例えば $\cosh\theta$ をハイパボリック (hyperbolic) コサイン θ と言う．

双曲線関数の公式は

$\cosh^2\theta - \sinh^2\theta = 1$ $\qquad \tanh\theta = \dfrac{\sinh\theta}{\cosh\theta}$

$(\cosh\theta)' = \sinh\theta$ $\qquad (\sinh\theta)' = \cosh\theta$

$(\cosh^{-1}\theta)' = \pm\dfrac{1}{\sqrt{\theta^2-1}}$ $\qquad (\sinh^{-1}\theta)' = \dfrac{1}{\sqrt{\theta^2+1}}$

などである．

例1．次を求めよ．

1) $\displaystyle\int \sinh x\, dx$ 2) $\dfrac{d}{dx}(\sinh^{-1} x)$

解：

1) $\displaystyle\int \sinh x\, dx = \dfrac{1}{2}(e^x - e^{-x})dx$

$= \dfrac{1}{2}(e^x + e^{-x}) = \underline{\cosh x}$

2) $\sinh^{-1} = y$ とおくと，$x = \sinh y$

$dx = \cosh y\, dy$

$\dfrac{dy}{dx} = \dfrac{1}{\dfrac{dx}{dy}} = \dfrac{1}{\cosh y} = \dfrac{1}{\sqrt{\sinh^2 y + 1}}$

$= \dfrac{1}{\sqrt{x^2+1}}$

例2．図52のような吊橋がある．懸垂曲線を求めよ．ただし，鋼索の高さは30m 支柱間距離は160mとする．

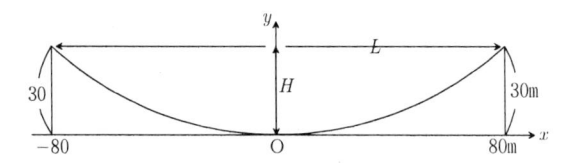

図 5 3　全長 160m，高さ 30m の吊橋（計算例）

解：　理論

曲線の方程式を次のようにおく

$$y = a\left\{\cosh\left(\frac{x}{a}\right) - 1\right\} \quad \cdots\cdots(1)$$

$\cosh\theta$ を級数展開すると

$$\cosh\theta = \frac{1}{2}\left(e^\theta + e^{-\theta}\right)$$

$$\begin{pmatrix} e^\theta = 1 + \dfrac{\theta}{1!} + \dfrac{\theta^2}{2!} + \dfrac{\theta^3}{3!} + \dfrac{\theta^4}{4!} + \cdots\cdots \\ e^{-\theta} = 1 - \dfrac{\theta}{1!} + \dfrac{\theta^2}{2!} - \dfrac{\theta^3}{3!} + \dfrac{\theta^4}{4!} - \cdots\cdots \end{pmatrix}$$

$$\cosh\theta = 1 + \frac{\theta^2}{2!} + \frac{\theta^4}{4!} + \frac{\theta^6}{6!} + \cdots\cdots$$

(1) 式に代入すると

$$y = a\left\{\frac{1}{2}\left(\frac{x}{a}\right)^2 + \frac{1}{24}\left(\frac{x}{a}\right)^4 + \frac{1}{720}\left(\frac{x}{a}\right)^6 + \cdots\right\}$$

$$= x\left\{\frac{1}{2}\left(\frac{x}{a}\right) + \frac{1}{24}\left(\frac{x}{a}\right)^3 + \frac{1}{720}\left(\frac{x}{a}\right)^5 + \cdots\right\}$$

$$\therefore \frac{y}{x} = \left\{\frac{1}{2}\left(\frac{x}{a}\right) + \frac{1}{24}\left(\frac{x}{a}\right)^3 + \frac{1}{720}\left(\frac{x}{a}\right)^5 + \cdots\right\} \quad \cdots(2)$$

(x, y) が既知（曲線の両端の値）のとき，$\dfrac{y}{x} = r_0$ とおけば $x=1$ で規格化したことになる．

(1) 式は次のようになる．

$$r_0 = a\left\{\cosh\left(\frac{1}{a}\right) - 1\right\} \quad \cdots\cdots(3)$$

$$r_0 = \frac{1}{2a} + \frac{1}{24a^3} + \cdots \quad \cdots\cdots(4)$$

(4)式の第一項を a の第一近似 a_1 とおけば

$$r_0 = \frac{1}{2a} \text{ より} \quad \therefore \quad a_1 = \frac{1}{2r_0} \quad \cdots\cdots(5)$$

a_1 を(3)式に代入すると r_0 の第一近似 r_1 は

$$r_1 = a_1 \left\{ \cosh\left(\frac{1}{a_1}\right) - 1 \right\} \quad \cdots\cdots(6)$$

$r_0 - r_1 = \Delta r_1$ とおくと(4)式より

$$\Delta r_1 = \frac{1}{2}\left(\frac{1}{a_1} - \frac{1}{a_1 + \Delta a} \right) \fallingdotseq \frac{\Delta a}{2a_1^2} \quad \cdots\cdots(7)$$

$$\therefore \quad \Delta a = 2a_1^2 \Delta r_1 \quad \cdots\cdots(8)$$

$$a_2 = a_1 + \Delta a \quad \cdots\cdots(9)$$

a_2 を(3)式に代入する.

$$r_2 = a_2 \left\{ \cosh\left(\frac{1}{a_1}\right) - 1 \right\}$$

となる. $a_n = a \, (r_n = r_0)$ となるまで逐次近似を行えば(3)式が決定される.

　　　　　近似計算

1) $r_0 = \frac{y}{x} = \frac{30}{80} = 0.375$

　(5): $a_1 = \frac{1}{2r_0} = \frac{1}{2 \times 0.375} = 1.3333$

　(6): $r_1 = a_1 \left\{ \cosh\left(\frac{1}{a_1}\right) - 1 \right\} = 0.3929$

2) $\Delta r = r_1 - r_0 = 0.3929 - 0.3750 = 0.0179$

　(7): $\Delta a = 2a_1^2 \Delta r = 2 \times (1.3333)^2 \times 0.0179 = 0.0636$

　(8): $a_2 = a_1 + \Delta a = 1.3333 + 0.0636 = 1.3969$

　(9): $r_2 = a_2 \left\{ \cosh\left(\frac{1}{a_2}\right) - 1 \right\} = 0.3735$

3) $\Delta r = r_2 - r_0 = 0.3735 - 0.3750 = -0.0015$

(7)：$\Delta a = 2a_2^2 \Delta r = 2 \times (1.3969)^2 \times (-0.0015) = -0.0059$

(8)：$a_3 = a_2 + \Delta a = 1.3969 - 0.0059 = 1.3910$

(9)：$r_3 = a_3 \left\{ \cosh\left(\frac{1}{a_3}\right) - 1 \right\} = 0.3752$

4) $\Delta r = r_3 - r_0 = 0.3752 - 0.3750 = 0.0002$

(7)：$\Delta a = 2a_3^2 \Delta r = 2 \times (1.3910)^2 \times 0.0002 = 0.0008$

(8)：$a_4 = a_3 + \Delta a = 1.3910 + 0.0008 = 1.3918$

(9)：$r_4 = a_4 \left\{ \cosh\left(\frac{1}{a_4}\right) - 1 \right\} = 0.3750$

ここで，$r_4 = 0.3750 = r_0$, $a_4 = 1.3918 (= a)$ となる．

よって，(3)式は

$$r_0 = 1.3918 \left\{ \cosh\left(\frac{1}{1.3918}\right) - 1 \right\}$$

そこで，$a = 1.3918 \times 80\,(\text{m}) \fallingdotseq 111.3$ とおけば
求める曲線の式は

$$\therefore \quad \underline{y = 111.3 \left\{ \cosh\left(\frac{x}{111.3} - 1\right) \right\}}$$

$x = 80\,\text{m}$ を代入すると $y = 30.01\,\text{m}$ となり，満足すべき結果を得た．

次に，支柱間の網索の長さ L を計算する．

曲線上の点 (x, y) と $(x+dx, y+dy)$ の間の線分の長さ dl は

$$dl = \sqrt{(dx)^2 + (dy)^2} = \sqrt{1 + \left(\frac{dy}{dx}\right)^2}\,dx$$

$$\frac{d}{dx}\left\{ a\cosh\left(\frac{x}{a}\right) - 1 \right\} dx = \sinh\left(\frac{x}{a}\right)$$

$$dl = \sqrt{1 + \sinh^2\left(\frac{x}{a}\right)}\,dx = \cosh\left(\frac{x}{a}\right) dx$$

$$\therefore \quad l = \left[a\sinh\left(\frac{x}{a}\right) \right]_0^x = a\sinh\left(\frac{x}{a}\right)$$

となる．よって，$x=80$m, $a=111.3$を代入すると，
$$L = 2 \times 111.3 \times \sinh\left(\frac{80}{111.3}\right) = \underline{174.14\text{m}}$$
を得た．

● 第十話：感想

老爺：最後にお二人の感想を聞かせてください．

吾郎：例えば，面積計算法の基本となる $y = f(x)$ と dx で囲まれた微小面積 ds を $ds = f(x)dx$ とおく方法はどの数学の本にも書いてあります．この本は微分の仕方はいろいろあることを図2に示し，第二章円と第三章球の求積法で実行しています．特色のある面白い本であると思います．追補は大学生が専門教科を勉強してゆく上で参考になる項目が記されていますから親切です．

太郎：現在は全国各地に吊橋が多くかけられて観光名所にもなっています．吊橋の近似計算例（図53）には特に興味を持って目を通しました．その辺りの話をしてください

老爺：始めは，写真に撮った吊橋曲線に接線を引けば

$$\frac{dy}{dx} = \sinh\left(\frac{x}{a}\right) \longrightarrow \frac{x}{a} = \sinh^{-1}\left(\frac{dy}{dx}\right)$$

ですから，数カ所の x 点で dy/dx を求めれば a の値は簡単に決まると思ったのです．いざ，接線を引いてみると円の場合と違って非常にむづかしいことを思い知らされました．結局は近似計算をせざるを得なかったのです．25年前に購入した電卓は双曲線関数の計算もできますので早速取りかかりました．手計算でやるとなれば断念したでしょう．電卓に感謝しているところです．

ところで，有名な黄金比（タテ・ヨコ比，$\sqrt{5}+1:2 = 2:\sqrt{5}-1$）は見る人に調和を感じさせ絵画・美術工芸・

建築に利用されています．吊橋にも黄金比に相当する見る人の心を和ませる吊橋比（長さ・高さの比，図53では$L:H=160:30=100:18.75$）があるように思うのです．私は吊橋の魅力にとりつかれたようです．

太郎：時間的余裕ができたらいろんな吊橋の写真を撮って吊橋比を調べてみましょう．簡単で愉しそうですね．

○懇話会閉会○

老爺：この懇話会は小さな会でしたが，有意義な忌憚のない意見が出されて初期の目的は十分に達成することができました．

太郎君，吾郎君，長時間有難うございました．

これで，懇話会を閉会します．

練習問題解答

1. 微分

1) $1 - 3x^2$

2) $3x^2 + 18x + 23$

3) $-2\dfrac{b}{x^3}$

4) $\dfrac{2}{(1-x)^2}$

5) $\dfrac{a}{ax+b}$

6) $-\dfrac{x}{1-x^2}$

7) $\dfrac{-2a}{(a+x)^2}$

8) $\dfrac{3}{2}\dfrac{1}{\sqrt{(x-1)(2x+1)^3}}$

9) $2a \cos ax \sin ax$

10) $-\dfrac{\sin 2x}{\sqrt{\cos 2x}}$

11) $\dfrac{1}{4\sqrt{x}}\left(1 + \dfrac{4}{x}\right)$

12) $\sqrt{a^2 + x^2} + \dfrac{x^2}{\sqrt{a^2 + x^2}}$

13) $\dfrac{x \cos x - \sin x}{x^2}$

14) $2x \cos^{-1} x - \dfrac{x^2}{\sqrt{1-x^2}}$

15) $e^{ax}(a \sin bx + b \cos bx)$

16) $\dfrac{1}{2}\left(e^{\frac{x}{a}} + e^{-\frac{x}{a}}\right)$

2. 不定積分

1) $\dfrac{2}{3a}(ax+b)^{\frac{3}{2}}$

2) $\dfrac{1}{3b^2}(a^2 + b^2 x^2)^{\frac{3}{2}}$

3) $\dfrac{1}{b}\sqrt{a + bx^2}$

4) $-\dfrac{1}{k}\cos kx$

5) $\sin^{-1} x$ または $-\cos^{-1} x$

6) $\dfrac{1}{4}\log\left|\dfrac{x-2}{x+2}\right|$

7) $\dfrac{1}{2}\log\left|\dfrac{x+1}{x+3}\right|$

8) $\dfrac{1}{a^3}(a^2 x^2 - 2ax + 2)e^{ax}$

9) $\dfrac{1}{2}x - \dfrac{1}{4}\sin 2x$　　　　　10) $\dfrac{1}{3}\sin^3 x$

11) $\tan \dfrac{x}{2}$　　　　　　　　　12) $x\sin x - \cos x$

3. 定積分

1) $\dfrac{7}{3}$　　　　　　　　　　$\left[\dfrac{1}{3}x^3\right]_1^2$

　　　　　　　　　　　　　$1+x=t$ とおく． $dx = dt$

2) $\dfrac{5}{6} - \log 2$　　　　　$\left[\dfrac{1}{3}t^3 - \dfrac{3}{2}t^2 + 3t - \log t\right]_1^2$

3) $(\sqrt{3}-1)$　　　　　　$\left[\sqrt{2x-1}\right]_1^2$

4) $\dfrac{1}{6}\pi$　　　　　　　　$\left[\sin^{-1} x\right]_0^{\frac{1}{2}}$

5) $1 - \log \dfrac{2}{1+e}$　　　　$\left[x - \log(1+e^x)\right]_0^1$

6) $\dfrac{\pi}{4}a^2$　　　　　　　　$\dfrac{1}{2}\left[x\sqrt{a^2-x^2} + a^2 \sin^{-1}\left(\dfrac{x}{a}\right)\right]_0^a$

7) π　　　　　　　　　　$\left[\tan^{-1} x\right]_{-\infty}^{\infty}$

8) $\dfrac{1}{4}\pi$　　　　　　　　$\left[\dfrac{1}{2}\left(x + \dfrac{1}{2}\sin 2x\right)\right]_0^{\frac{\pi}{2}}$

9) π^2　　　　　　　　　$\left[2x\sin x - (x^2 - 2)\cos x\right]_0^{\pi}$

10) $e^{\frac{\pi}{2}} - 1$　　　　　　$\left[\dfrac{1}{2}e^x(\sin x + \cos x)\right]_0^{\frac{\pi}{2}}$

索　引

[ア]行
- 円錐帽子型(I)　60
- 円錐帽子型(II)　61
- 円筒型　57
- 円筒座標　27
- 円の求積法　37
- 円の失敗例　50
- 黄金比　136
- 主な極限値　8

[カ]行
- Gauss 分布　112
- 確率誤差　114
- 球殻型　56
- 球座標　28,75
- 球の失敗例　82
- 球の求積法　52
- 球面鏡型　63
- 求積法の動機　34
- 区分求積法　3
- 極座標　27
- 車止め　108
- 偶然誤差　112
- 懸垂曲線　130,131
- 黒化度　124
- 誤差　110
- 誤差の種類　111
- 誤差計算法　114

[サ]行
- サイクロイド曲線　17,29,106
- 差動増幅器　88
- 三角波の微分　90
- 三角波の積分　91
- 四角柱型　72
- 十三佛　85

- 自己相関関数　118
- 受動素子　87
- 信号の微積分　89
- 信号の積分　92
- 信号の微分　90
- 水瓜片型　65
- 正多角形型　45
- 正規分布　112
- 積分　91
- 積分回路　88,89
- 積分公式　20
- 扇形型　49
- 施盤切削型　58
- 全微分　110
- 双曲線関数　130
- 相互相関関数　119

[タ]行
- 台形型　37,49
- 楕円　30
- 短冊型　41
- 逐次近似　133
- 逐次微分　100
- 直角座標　26
- 吊橋　131
- 定積分　19
- ティラーの級数展開式　99
- ティラーの定理　98
- ディスク溝型　47
- ディラックのデルタ関数　126
- 電気信号の微分　87
- 伝達関数　127
- 等厚円板型　52

[ナ]行
- 能動素子　87

[ハ]行

- 八正道　84
- 八道説　84
- 媒介変数　16
- 標準正規分布　113
- 微積分　1
- 微積分とは？　1
- 微積分の発見　35
- 微分　10, 90
- 微分係数　7
- 微分公式　12
- 微分回路　87, 89
- 微分方程式　124, 128
- 部分積分　24
- 不定積分　19
- フーリエ変換　117
- 不等厚円板型（Ⅰ）　66
- 不等厚円板型（Ⅱ）　69
- 平面座標　26
- ベキ級数展開　99
- 変形円筒型　77
- 変形扇形型　42
- 変形短冊型　44
- 方形波の微分　91
- 方形波の積分　92
- 偏微分　110
- 偏微分係数　110

[マ]行

- マクローリンの級数展開式　99
- マクローリンの定理　100
- 面積計の試案　95

[ラ]行

- ラプラス変換　124
- ラプラス変換対照表　125
- 立体座標　27
- リング型　39
- リング断片型　40
- 連珠形　6
- 練習問題　31, 32
- 練習問題解答　138

〔著者紹介〕

竹井 力（たけい ちから）

- 1925 年　宮崎県に生まれる
- 1950 年　九州大学理学部物理学科卒業
- 1956 年　長崎大学医学部放射線科講師
- 1964 年　九州大学医学部放射線科講師
- 1972 年　九州大学医療技術短期大学部教授
- 1988 年　定年退職

微積分は面白い
―円と球の求積法―　　　　　　　定価はカバーにあります．

| 2002 年 6 月 23 日　初版 1 刷発行 | 著　者　竹井 力（たけい ちから） |

印刷・製本　牟禮印刷株式会社

発行所　京都市左京区鹿ケ谷西寺の前町 1 〒606-8425
　　　　TEL&FAX (075) 751-0727　振替 01010-8-11144　　株式会社　現代数学社

ISBN4-7687-0285-6　C3041　　　　　　　　　落丁・乱丁はおとりかえします